品質・収量アップ！

家庭菜園の超裏ワザ

和田義弥 著

JN188635

家の光協会

はじめに

野菜づくりは、科学的根拠や先人の経験に基づいて基本的な栽培法が確立しています。種をまく時期や苗を植えつける株間、追肥の量とタイミング、仕立て方、収穫の見極め方など、ある程度マニュアル化されています。しかし、その通りに栽培したからといって必ずしもうまくいくとは限りません。なぜなら、野菜の生育は畑の条件と土壌や気候などの自然環境に大きく左右されるからです。一方で、非科学的であっても古くからの言い伝えや偶然の出来事がきっかけになって栽培がうまくいくこともあります。

本書は、そんなあちらこちらで見聞きした、普通とはちょっと違う栽培法に加え、野菜の生態や原産地の環境などをヒントに、これまでの常識にとらわれない野菜づくりを実際に試して、検証し、その方法をまとめたものです。

それぞれの栽培法は、実験背景、実験方法、栽培経過、実験結果、考察の流れで構成しています。独創的な栽培法なので実験背景では実行するに至った経緯を説明し、栽培経過と収穫の結果を受けて、最後はわたしなりの考察でまとめています。ただ、わたしは篤農家でも、農学博士でもありません。あくまで熱心な家庭菜園愛好家としての考察であることをご承知おきください。

実験方法は、皆さんが実践できるようになるべく詳しく記しましたが、ここで紹介しているやり方をもとにアレンジするのもよいでしょう。なぜなら、冒頭で述べたように、そもそも畑の条件や自然環境によって栽培法や野菜のできは変わってくるからです。

なお、本書で野菜を栽培しているのはわたしが暮らす茨城県中部で、日本の作物栽培の気候区分では温暖地や一般地とされる地域です。

本書を参考に、試行錯誤を繰り返しながら自分なりの最適解を探してみてください。

和田義弥

品質・収量アップ！

家庭菜園の超裏ワザ

目次

第1章

果菜類

第2章 葉菜類

第3章 根菜類

第1章 果菜類

夏ばて知らずで、100個どり！ナスの水苔植え

良質のナスを次々と実らせるには、肥料切れさせないことが重要です。しかし、それだけでは不十分。「ナスは水で育てる」と言われるほど、水が必要です。とは言っても酷暑の夏場は、水やりの手間を省きたいのが心情。そこで注目したのが、保水力のある水苔です。水苔を使って植えつけ方をひと工夫すると大幅に収量がアップしました。

実験背景
実験方法

ナスの原産地の環境（高温多湿）を再現したい

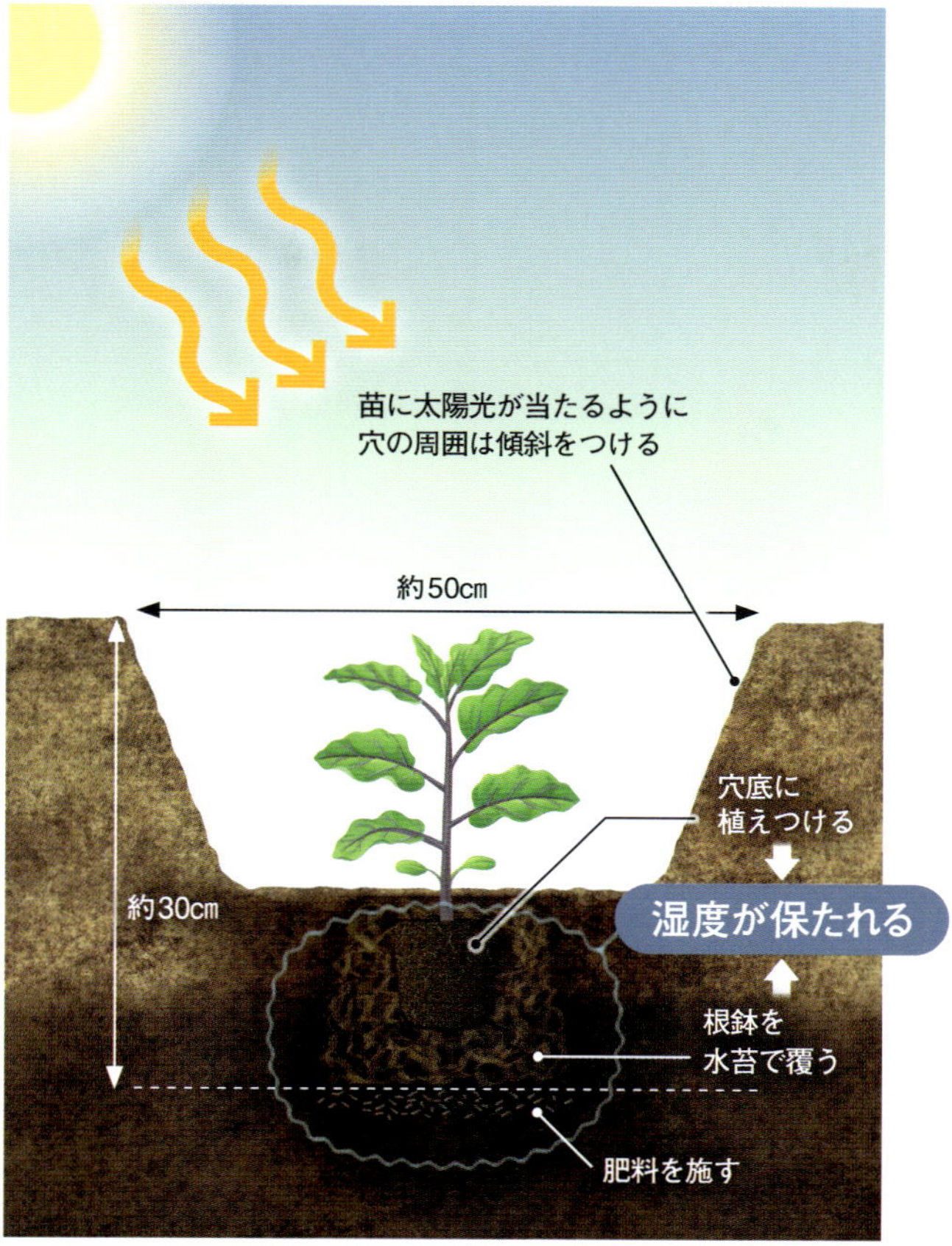
苗に太陽光が当たるように
穴の周囲は傾斜をつける
約50㎝
約30㎝
穴底に
植えつける
湿度が保たれる
根鉢を
水苔で覆う
肥料を施す

ナスの原産地はインド東部の熱帯地域。気温が高く、雨が多い地域です。そのためナスは、高温多湿を好み、梅雨が明けて気温が上がる頃、次々に実をつけます。しかし、近年の夏は猛暑が当たり前で、とても乾燥しやすく、その結果、葉からの蒸散が増え、「水で育つ」とも言われるナスには、過酷な環境といえます。

ナスは水が不足すると一気に生育が悪くなり、実もかたくなって食味が落ちます。とはいえ、雨の後に水たまりができるような畑でもいけません。水はけと水もちのバランスがいい土が求められます。

そこで、ナスが好む土壌環境を人工的に構築しようと試みたのが、今回の〝水苔植え〟です。用いるのは園芸用の乾燥水苔で、高い保水力や通気性があります。この水苔でナスの根鉢を包むことで、夏の乾燥を乗りきり、農家並みの1株100個どりをめざします。

水苔植えの手順

水苔を乾きにくくするために畑に直径約50㎝、深さ約30㎝の穴を掘って苗を植えます。穴底の苗に日ざしが当たるよう穴の周囲には傾斜をつけます。

穴底には水を含ませた水苔を敷き、根鉢を包むようにして苗を置きます。水苔の高い保水力で水不足を防ぐと同時に、通気性が高いので、根の呼吸が妨げられる心配もなく、根腐れを防げます。

●準備するもの

園芸用の乾燥水苔。湿地帯に生息するコケの一種で、ランの植え込み材によく使われる。今回は、1株につき乾燥時150gの水苔を使用。水苔は水に浸すと10kgほどに膨らんだ

水を入れたバケツに水苔を浸して半日ほどおく。ほぐすとバラバラになって使いにくいのでかたまりのまま水でもどす

畑に直径約50㎝、深さ約30㎝の穴を掘って元肥を入れ、1㎝ほどの厚さで土を戻す

水を吸って膨らんだ水苔を穴底に入れ、中心に根鉢を置くためのくぼみをつくる

ナスの苗は、植えつけ前に根鉢に十分に水を含ませておく。植え穴に置いたら根鉢を水苔で包む

水苔が隠れるように覆土し、根鉢の上から手のひらで軽く押さえて苗を安定させ、植えつけ完了

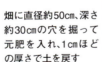

栽培経過

真夏になると水苔植えが真価を発揮！

各2株で比較した

植えつけ方以外の条件を合わせるため、水はけのよい畑の一角を選び、株間1.5ｍで植えつけた。株数は、水苔植え２株（Ⓐ、Ⓑ）、普通植え２株（Ⓒ、Ⓓ）の計４株

水苔植え

穴底に植えた苗は、定植後、２週間ほどで地表より草丈が伸びた。根鉢を水苔で包んで植えたが、活着が遅れた様子はなかった

普通植え

植え穴に水苔植えと同じ量の元肥を入れて植えつけた。水はけがよく、比較的乾燥しやすい畑なので、畝は盛り上げず平畝とした

水苔植え2株（Ⓐ、Ⓑ）、普通植え2株（Ⓒ、Ⓓ）で、生育と収量を比較しました。品種は定番の『千両二号』（タキイ種苗）を選びました。植えつけは5月中旬。整枝は主枝とわき芽2本を伸ばす3本仕立てとし、残りのわき芽はかき取って枝が混み合わないようにしました。

生育の初期は、水苔植えと普通植えに大きな差はみられませんでした。いずれも5月下旬には1番花が開花しましたが、実がつく前に摘花しました。その後に咲いた2番花も摘んで、株が充実するまで養分を茎葉の生長に集中させせました。

6月中旬に1回めの追肥。1株当たり40～50gの有機質肥料を施します。以降2週間に1回を目安に、9月下旬まで同量の追肥を続けました。

収穫開始はそろって7月中旬となり、4株とも2～3個収穫できました。7月下旬には水苔植えⒶ10個（973g）とⒷ8

個（914g）、普通植えⓒ6個（626g）、ⓓ7個（627g）を収穫。水苔植えの効果が顕著に現れたのは暑さが厳しく、雨が少なかった8月です。普通植えの収量が激減したいっぽう、水苔植えは草勢が衰える様子もなく、収量が落ちませんでした。

9月になって暑さが一段落し、雨が適度に降るようになると、普通植えⓒにたくさんの実がつきました。水苔植えⓐも堅調を維持。さらに10月上旬には水苔植えⓑの収穫がピークを迎えました。10月下旬以降、気温の低下とともに収量は落ちていき、11月中旬に食用に値する実をすべて収穫して栽培を終えました。

肥料切れしないように2週間に1回を目安に追肥。併せて水やりもする

収穫個数と重量の推移

収穫の目安は、1果100gとし、収量を毎日記録。各月の上旬、中旬、下旬でまとめた個数と重量をグラフ化した。10月下旬以降は80g前後の小果ばかりになり、11月中旬に収穫を終えた。

果皮につやがあり、へたに沿って白い部分があるのは、生育がよい証し。水苔植えの実で、数が多いように思えた

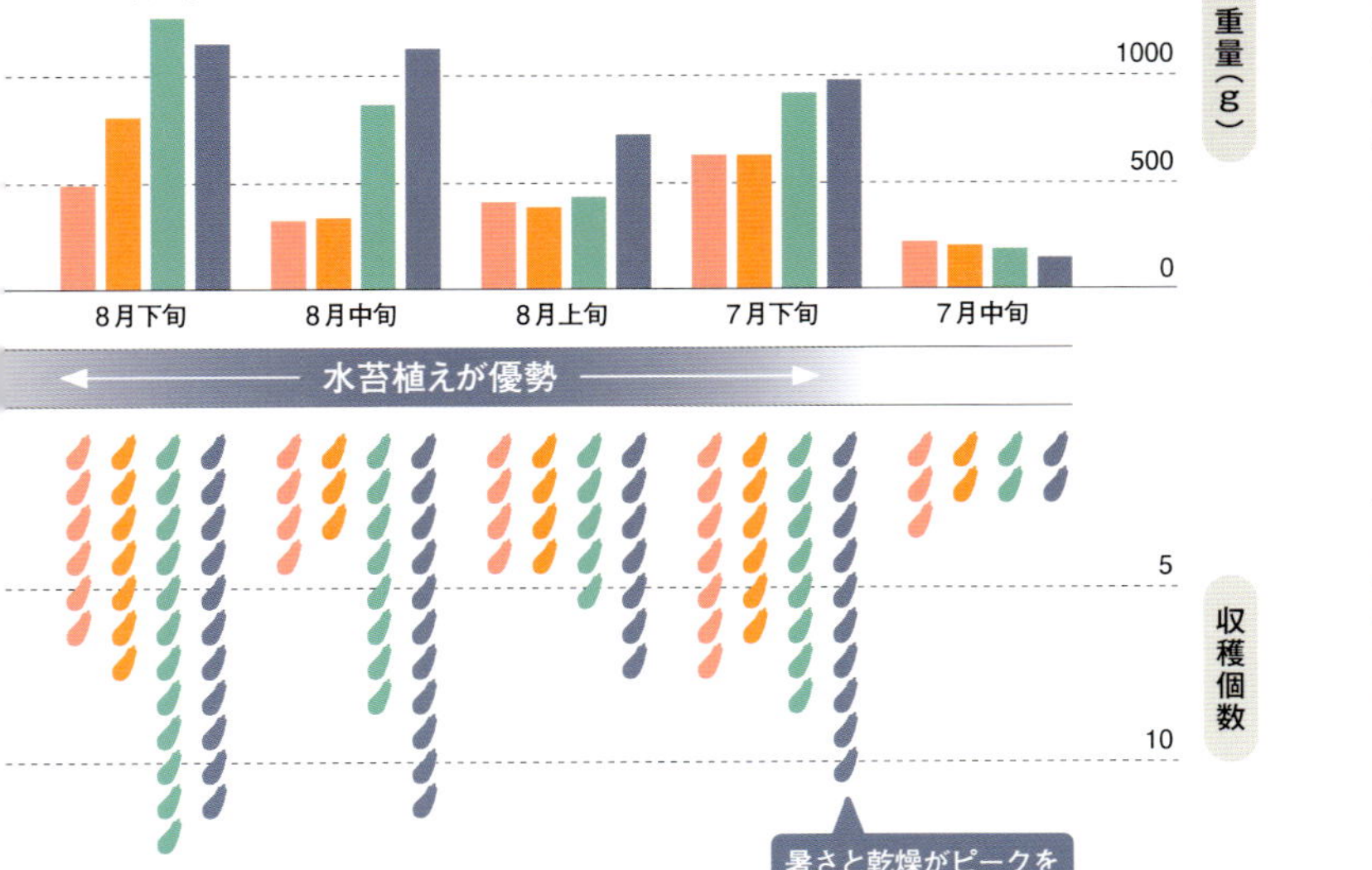

水苔植えは株元が凹んでいるため、水が流れ出ることもなく、効率よく水やりができる。乾燥防止のため、雑草でマルチングをした

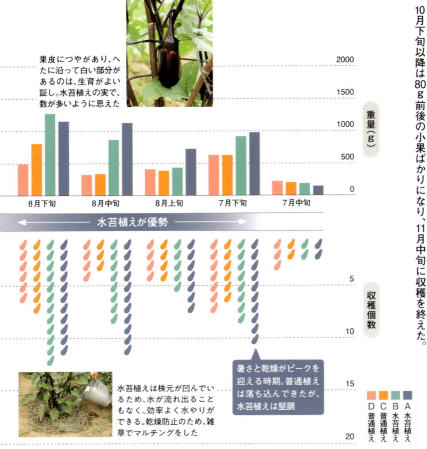

株姿を観察してみると

7月下旬 → 11月中旬

梅雨が明けて、暑く、雨が降らない日が続く。畑も乾燥ぎみで、普通植えはその影響か、夏のあいだは収量が落ちた。一方で水苔植えは枝ぶりもよく、葉も青々と茂って収量も安定していた。

普通植え
水苔植え

水苔植えは、この時期になっても株元からわき芽の発生がみられ、まだ元気。とはいえ気温が低くなると、果実はもう大きくならない。普通植えも元気だが、一見して水苔植えより草勢が劣る。

普通植え
水苔植え

※写真は株B、株C

左は正常な花。右は雌しべが雄しべより短く、結実しにくい花（短花柱花）。生育不良の証し。真夏の普通植えで散見された

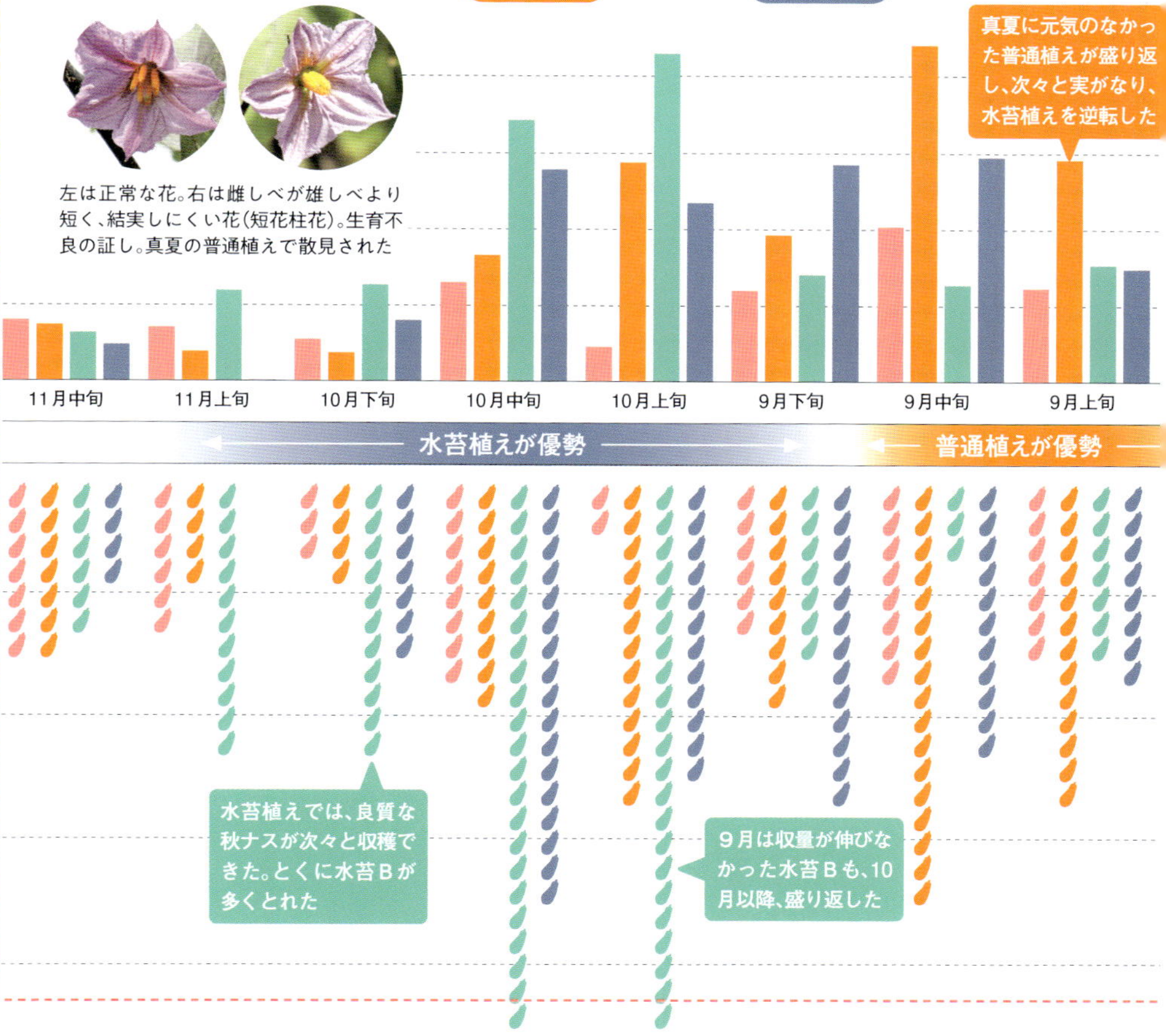

真夏に元気のなかった普通植えが盛り返し、次々と実がなり、水苔植えを逆転した
11月中旬
11月上旬
10月下旬
10月中旬
10月上旬
9月下旬
9月中旬
9月上旬
水苔植えが優勢
普通植えが優勢
水苔植えでは、良質な秋ナスが次々と収穫できた。とくに水苔Bが多くとれた
9月は収量が伸びなかった水苔Bも、10月以降、盛り返した

実験結果考察

水苔植えの収量は、普通植えの約4割増し！

株ごとの収穫個数・重量の違い

	収穫重量	収穫個数
水苔植え A	10,917g	113個
水苔植え B	11,127g	126個
普通植え C	9,953g	98個
普通植え D	6,163g	71個

それぞれ平均すると

実験の結果は上の表のとおり。水苔植えはⒶ・Ⓑともに目標の100個を超え、2株平均で120個、約11kgという期待以上の結果となりました。普通植えⒸも98個（約10kg）と家庭菜園としては十分な収量でしたが、水苔植えには劣ります。平均でみると、水苔植えの収量は、普通植えの約4割増しと大きな差がつきました。水苔植えが優れた方法なのは、収穫終了後に掘り起こした根を観察してみて確信に変わりました。

一見して普通植えに比べて、水苔植えのほうが、明らかに根量が多いことがわかります。また、地表から5～10㎝の深さを横に広がる〝上根〟が発達していました。

上根は地表近くに伸びる根で、水苔効果に加えて穴底植えの保湿効果により生育が促進したものと思われます。その後、生育中期になると、ナスは80～100㎝の深

1本1本の根が太く、広範囲に広がっている。とくに横方向に伸びる上根が発達している。水苔で十分な水分を得られるいっぽう、養分や酸素はとり入れにくいため、それを求めて早い段階から根が広がったものと考えられる

個数 約**120**個

重量 約**11**kg

普通植えより、重量・個数ともに約４割もアップした。夏ばてすることもなく、生育期間中コンスタントに収穫できた。水苔の効果で、真夏の乾燥時も水切れせず、肥料吸収もスムーズに行えたと推測できる。

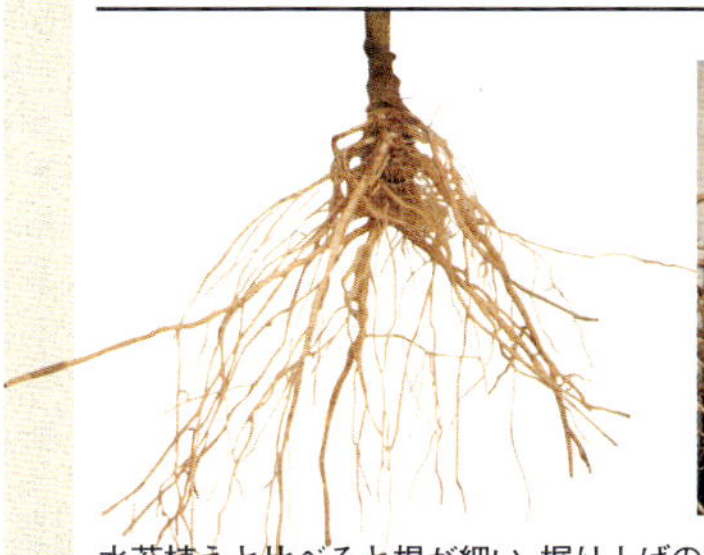

水苔植えと比べると根が細い。掘り上げのさいに根が切れるので断言できないが、根の量も少なく、縦方向の根が発達している。生育初期から水分を求めて下に根が伸びた、と推測される。茎も株元で比較すると明らかに細い

個数 約**85**個

重量 約**8.1**kg

普通植えとしてはかなりの収量といえる。そもそも1株から50個も収穫できれば上できと考えてよい。ただ水苔植えに比べて真夏と10月下旬以降の収穫量が伸びなかった。

さに直根を伸ばします。その時点になると根鉢のまわりを覆った水苔は根の一部を包むにとどまります。つまり、水苔でしっかりと保水しながら、その範囲を突き抜けた根は土中の酸素を十分にとり入れられるのです。水苔の保水力と根の発達は、生育後半にも草勢を維持し、1株平均120個という多収量を実現する原動力となりました。

秋ナスも豊作でした！

トマト農家に負けない極甘果実をとるマル秘ワザ！

ミニトマトのエレベーター栽培

トマトはもともと乾燥した高地が原産。果実の甘みを引き出すには、与える水分を極力少なくする〝絞り〟栽培が有効です。しかし、ハウスとは違い、露地栽培では水分調整が困難。そこで、天候に関係なく水分をカットするため、塩ビ管を畝代わりに株を地面から高々と持ち上げてしまう荒ワザです。

塩ビ管で局所的な超高畝をつくって苗を植えつける

地上よ、さらば。
トマト栽培は空中へ

絞り栽培の高糖度トマトといえば、青果や加工品が高値で販売されています。フルーツトマトなどとも呼ばれ、私も食べたことがありますが、これまで食べたトマトとはまるで別物のような際立ったみずみずしさと甘みがありました。そのほとんどは大規模な施設での養液栽培で、コンピューター制御の灌水装置などを用いて、水の供給を制限しながら育てられます。〝高糖度〟の目安は一般的に8度以上とされますが、天候の影響が避けられない露地栽培では難しい数値です。

では、どうすれば露地でより糖度の高いトマトが作れるか。要は、いかにして雨や土壌水分の影響を少なくして水分の供給を抑えられるかです。それをずっと考えていて、思い至ったのが栽培の場を空中に移す方法です。それが、塩ビ管を用いた超高畝栽培です。使用する管は直径10㎝、長さは60㎝から180㎝まで30㎝刻みで5種類を用意。高層建築に見立て、「エレベーター栽培」と名づけました。

土が露出するのは管の上部のみで、雨の影響はわずか。さらに管の長さだけ地表面と高低差が生まれ、強力な排水・乾燥効果が期待できます。むしろ極度な水分抑制により枯れてしまうおそれさえありますが、甘やかしていては甘い実はとれません。厳しい環境でこそ、高糖度トマトは実を結ぶはずです。

エレベーター栽培の手順

塩ビ管は全長の約1/3を地中に埋める。排水性を高めるため、土に埋まる部分にはドリルで横穴をあけておく

塩ビ管を埋める位置に、スコップで管の直径(10㎝)よりやや大きめの穴を掘る

塩ビ管を穴に埋めて垂直に立てる。180㎝管なら60㎝を埋め、残りの120㎝を地上に出す。穴に管を収めたら、周囲の土を埋め戻し、踏み固めて安定させる

普通栽培と同様に土づくりした畑の土を、塩ビ管の口まで充填し、てっぺんに苗を植えつける。苗は植えつけ前に水を入れたバケツに浸し、根鉢をじゅうぶん湿らせておく

使用品種はミニトマトの『ミニキャロル』(サカタのタネ)。公式HPによると「普通の栽培で糖度8度以上、水分を抑えた栽培では10度を超えることも」あるという。ただし、経験上、家庭菜園レベルで普通に栽培して糖度8度を超えるのは難しい

実験結果

〝絞り〟に成功。高層株ほど高糖度の果実に

水は定植時にやったきりでしたが、いずれの株も枯れることなく生長しました。直径10㎝の塩ビ管の口に雨が入り込む余地はほとんどなく、トマトは、管内のわずかな水分で必死に地面まで伸ばした根によってしっかりと赤い実をつけたのです。

早速、収穫した果実を糖度計で測ってみると、期待どおりの絞り効果が現れていました。トマトがもっとも充実する7月下旬の各株の平均糖度は下の写真のとおり。２本の高層株は高糖度の日安である８度を超え、地上100㎝の株に至っては最高値11・１度を記録。平均でも10度と高い値を示しました。

最高糖度は驚異の11.1を記録!

考察

根が地下水に到達するまでが、絞り効果のリミットか

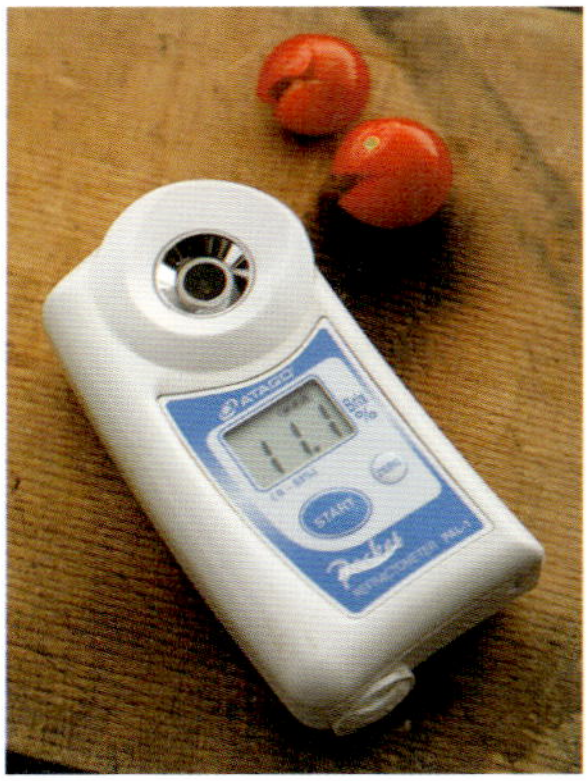

7月に入ると実をつけ始め、10月下旬まで収穫が続いた。高糖度も実現

栽培後期には、徐々に糖度が低下。通常レベルに

管の高さ	120cm	100cm	80cm	60cm	40cm	普通
8月中旬	**6.7**	**6.1**	**5.8**	**6.3**	**6.5**	**6.7**
10月下旬	**6.7**	**5.8**	**6.1**	**4.8**	なし	なし

※同日にとれた果実を測定した平均値。「なし」は収穫終了

最高糖度11・1度を記録したこの栽培法ですが、高糖度が出たのは7月のみ。8月以降は普通栽培と変わらない糖度に落ち着いてしまいました。これは、おそらくなんらかの理由で絞りができなくなったからではないか。そこで根の様子を探るために塩ビ管を切断してみました。

もともとトマトは乾燥地帯に生育し、主根を地中深く伸ばして水分を吸い上げますが、塩ビ管の中の根はまさにそれ。鉛筆ほどの太さの主根がまっすぐ地面に向かって伸び、水を求める執念を感じさせます。しかし、問題はその後。塩ビ管を掘り出すために地面を掘り下げていくと、地下60cm付近から水がしみ出てきました。わが家の畑の一部は田んぼを埋め立てた土地で、地下水位が高いのです。

高糖度を記録した地上高100cmと120cmの塩ビ管は、おそらく8月には根が地下水に達したのでしょう。他の3本は、もっ

地上部は5m 花房数およそ17

主枝のみの１本仕立てとした。地上高120cmの塩ビ管で茎の長さは５ｍにもなった

塩ビ管を縦に割って根を観察してみた

塩ビ管を電動工具で半分に割り、土を払ってみると、根は地下まで伸びていた

地下60cmの管の先まで掘ってみると、地下水がしみ出てきた

と早い段階に根が水を吸収できたはず。その時点で絞り効果は切れていたのです。

地上高120cmと100cmでは糖度が逆転しましたが、株の個体差もあるかと思われます。いずれにせよ、高層ほど根が地下水に達するまで時間がかかるため絞り効果が高く、確実に糖度を向上できます。

今回は地下水位が高い畑だったこともあって絞りの期間が限定されましたが、もっと条件のよい畑なら、もう少し長く高糖度トマトが収穫できるかもしれません。あとは塩ビ管をどこまで長く伸ばせるか。極甘トマトへの挑戦は、さらなる高みをめざして続きます。

原産地の環境が生育を促進！

トマトのアンデス栽培

南米のアンデス山脈が原産地とされるトマトは、本来、乾燥して痩せた土地を好みます。そこで、雨除けと石積みで畑にアンデスの環境を再現。あえて水や肥料分を控えることで野生の本能を引き出し、長期収穫を目指します。

実験背景

トマトの野生種は冷たい風が吹く荒野でたくましく育つ

（左）アンデスの荒野にポツンと佇む緑の植物は野生のトマト。（右）標高約2600m、乾燥した地域で産毛が発達した『S.habrochaites』の果実（写真提供：中島洋治）

トマトの野生種は、８種類ほど発見されています。それらはガラパゴス諸島を除くと、すべて南米のエクアドルからチリ北部に至るアンデス山脈と太平洋の間に自生しています。赤道直下から南緯30度ほどの地域ですが、アンデス山脈から吹き下ろす冷風と南極海に端を発するフンボルト海流が大陸の沖を流れる影響で比較的涼しい気候です。海水が蒸発しにくいので、雲ができにくく雨がほとんど降らない乾燥した地域です。

アンデス山脈は標高６０００ｍを超える山々の連なりで、大小の石が混じった痩せた土地です。そんな環境下で、野生のトマトは海抜３５００ｍほどの高地にまで生えているといいます。

トマトの原種は、現代のミニトマトに近い形をしています。たくさんの果実が連なり、実は大きくても２㎝前後。現代のミニトマトに比べてとても小ぶりです。茎は細く、長さは40～50㎝で匍匐《ほふく》性です。一方、その貧弱な茎に比較して花は大きく、鮮やかに咲きます。果実や茎に産毛が発達しているのも、アンデスの野生種の特徴です。ひじょうに乾燥している地域で、空気中の水分を吸収するために発達したものだと思われます。

こうした原産地の環境を考えると、雨が多く、夏の気温が30℃を優に超える日本の夏は、トマトに適しているとはいえません。そこで菜園に、アンデスのような環境を再現。野性を取り戻したトマトは、どんな生育ぶりをみせてくれるでしょうか。

実験方法

雨よけと石の積み上げでアンデスの環境を再現

日本とアンデスの気象データの比較

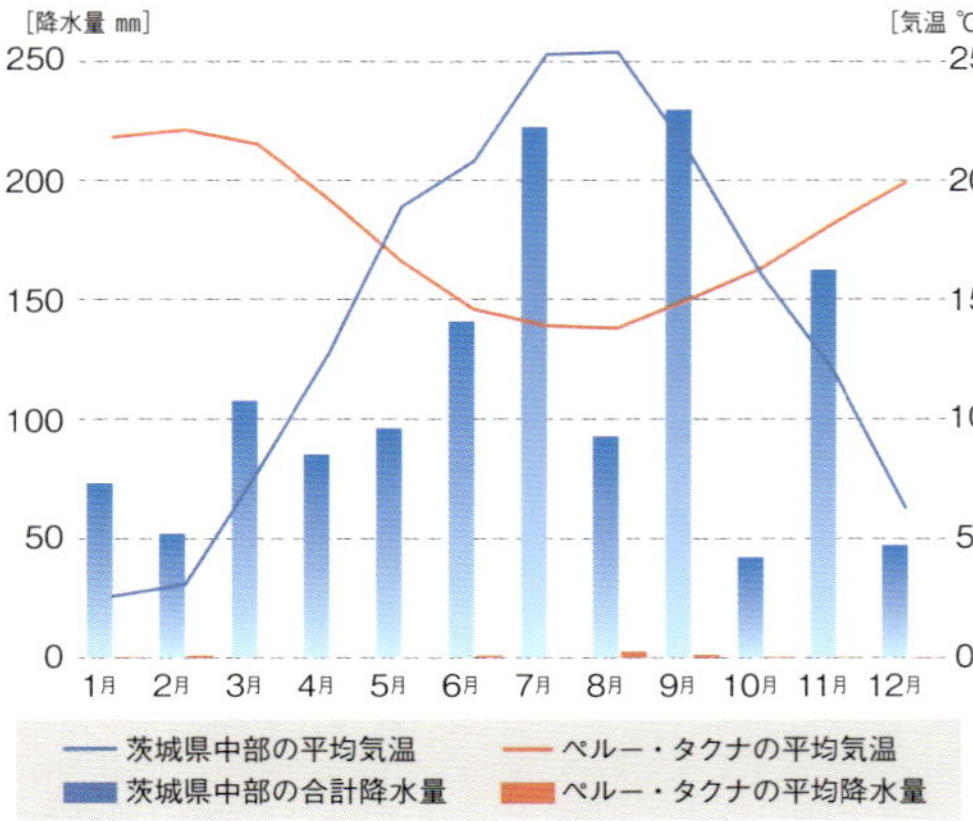

※茨城県中部は著者が住む地域。実験を行った2015年のデータ。ペルー・タクナはトマトの野生種『S.チレンセ』の自生地。データは1981～2010年の平均値
出典：気象庁HPより

1 大きめの石を直径約２ｍで円形に並べ、その中にスコップ２杯の堆肥と土を施し、高さ20cmほどにする

2 大小の石を鎮圧しながら厚く積み重ねて、高さ約70cmの山をつくる

3 山の頂上と中腹に計３本の苗を植えつける。苗は植えつけ前に水を十分やり、その後は、基本的にやらない

野生のトマトが育つ地域は、雨が少なく、乾燥しています。地面は石混じりの痩せた土です。この2点を畑で再現することを試みました。

まず、大きな石を並べて直径2mほどの円を作り、その内側に土とスコップ2杯の堆肥を入れて、高さ20cmほどに盛り上げます。さらに大小の石を厚く積み重ねて、最終的な山の高さを約70cmにしました。高くすることで、水はけをよくし、乾燥した状態も再現します。さらに、雨よけで全体を覆います。

苗はひとつの山に3株植えつけました（左図）。わき芽はかき取って、主枝1本仕立てにし、雨よけ支柱の上部からつり下げて誘引します。

トマトが土壌から水分を吸収するためには、石の下の地面まで根を伸ばさなくてはいけません。水分吸収量はかなり絞られるので、そのストレスによる糖度の上昇も期待します。

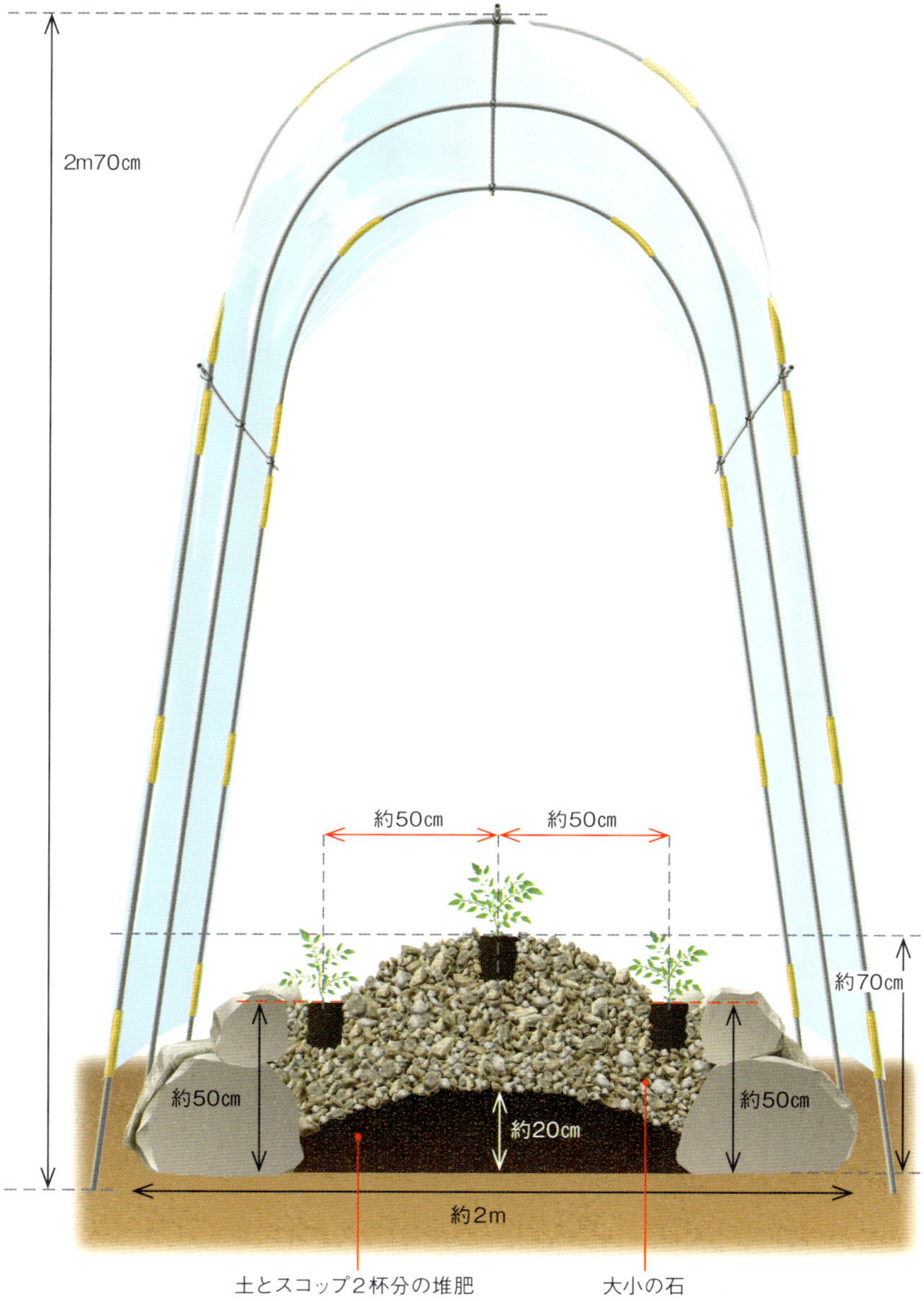

実験データ

畝の形状ほか

・アンデス畝：直径約２m、高さ約70㎝

・雨よけ：高さ２m70㎝。上部からつり下げて誘引を行う

・株数と株間：３株（高さ70㎝の頂上部と50㎝の中腹に株間約50㎝で定植）

トマトの品種（中玉）

・『フルティカ』（タキイ種苗）

栽培経過

水も肥料分も限られた石の山でもトマトは元気に育つ

アンデス栽培 VS 普通栽培

7月下旬

初期生育は普通栽培に劣っていたが、7月以降勢いを増し、7月中旬～8月上旬に収穫のピークを迎えた。水やりは、植えつけの3日後に、ひどくしおれたさいに1度やったきり

順調に生育した。肥料分は元肥で施した堆肥だけだが、葉、茎に若干肥料過多の傾向がみられた。アンデス栽培同様に7月中旬～8月上旬がもっとも収穫できた

9月上旬

トマトの原産地に比べると日本の夏は最高気温、湿度ともにひじょうに高く、この時期は生育が衰える。30℃を超えると受粉しにくくなり、収量も減った。老化葉は切り取った

順調に育っているが、アンデス栽培に比べるとやや劣っている。株が貧弱にみえるのは老化した葉を思いきって取り除いたため。病気などは発生していない

実験結果

アンデス栽培は草勢を回復して、晩秋まで多収

アンデス栽培は、7月上旬までは普通栽培に比べてやや生育が劣っていましたが、その後逆転し、収穫は7月中旬~8月上旬にピークを迎えました。これは普通栽培も同様です。

この時期の収量にはほとんど差がありませんでした。ただ気温が30℃を超えるようになると受粉しにくくなるため、8月中旬~9月上旬は収量が減りました。

アンデス栽培の特筆すべきところは、その後の草勢回復が目覚ましかったことです。9月以降ふたたび実をつけるようになると、甘みや食味が初夏に比べてグンと向上したのです。冷涼な秋の気候が適しているようです。その後、収穫は12月下旬に強い霜が降りるまで続きました。

秋トマトは普通栽培でも収穫できましたが、アンデス栽培に比べると生育に勢いはなく、実のつき方もよくありません。普通栽培は11月になると開花しても結実しにくくなり、ほとんど収穫できなくなりました。

９月中旬以降、気温が下がると草勢が回復し、ふたたび収量が増えた。肥料分は元肥だけ。病気も発生せず、この後、12月下旬まで収穫が続き、強い霜が降りた日に枯れた

11月上旬

よく育っているが、アンデス栽培に比べると元気がない。９月以降も実をつけたものの、収量はアンデス栽培の３分の１ほどで、11月にはほとんど収穫できなくなった

考察

厳しい環境で発達したたくましい根が生育を促進

主枝の長さ：約4m90cm

果房数は27。房が大きい

根が太く、深い

雑草が生えにくく、除草不要

果房数は22。房はふつう

根が細く、浅い

雑草が生えやすく、除草が必要

主枝の長さ：約4m40cm

普通栽培とアンデス栽培の生育の差をさらに探るため、株が完全に枯れてから根を掘り上げてみました。すると、普通栽培は細く弱々しい根が浅い場所に広がっていたのにたいし、アンデス栽培は鉛筆ほどの太さがある立派な根が石の合間をぬって、深く、力強く伸びていたのです。厳しい環境で水分や栄養分を得るために根が発達したのだと思われますが、そのために秋が深まっても株が元気を失わなかったのでしょう。

根元から主枝の先端までの長さはアンデス栽培で約4m90cm、普通栽培で約4m40cm。果房の数はアンデス栽培が27、普通栽培が22でした。注目すべきはアンデス栽培の果房が、じつにしっかりとしていて、さらに枝分かれした複合果房が多かったことです。また、普通栽培では果房が22個ついたといっても、主枝の先端の方は貧弱で着果はしていませんが、

アンデス栽培

株の生育、収量、味、管理のしやすさなどすべてにおいて普通栽培以上に良好な結果を示した。果実は弾力があり、しっかりとしていて、うまみが濃厚。糖度は秋が深まるほど高くなり、計測した中での最高値は7.7。家庭菜園でこれだけの糖度を実現できれば上出来。

普通栽培

アンデス栽培同様、12月下旬まで生きたが、晩秋は実はほとんどつかなかった。糖度は、平均して0.5度ほどアンデス栽培より低かった。味は、アンデス栽培に比べるとやや水っぽくぼやけていた。肥料分は元肥だけだが、それでも栄養過多の症状がみられた。

アンデス栽培では熟しきる前に霜で枯れてしまったものの、実がしっかりとついていました。

糖度は、夏場に収穫したものより、気温が下がる秋のほうが高くなりました。アンデス栽培で平均6.8度、普通栽培で6.3度と、アンデス栽培のほうが、平均0.5度高い傾向にありました。それほど差は大きくありませんが、これはアンデス栽培の実の数が多いため、糖分が分散したためと考えられます。

このように、実の数、収穫期間の長さ、糖度、食味などの点で、アンデス栽培はじつに良好な結果となりました。とくに12月下旬まで収穫できたことは驚きです。

測定した最高糖度はアンデス栽培の7.7。果実のサイズは、中玉にしては、大きくなった

塩ビ管と砂で家庭菜園の砂漠化に成功！

病気に強く、みずみずしい果実がゴロゴロ

スイカの塩ビ管栽培

スイカはアフリカ南部が原産地とされ、高温と乾燥が大好き。そのため湿度の高い日本の夏はスイカにとって好ましい条件とはいえません。じっさい、雨が原因で病気にかかり、全滅するケースもあります。そこで塩ビ管を利用して乾燥した土壌環境をつくり出したところ、スイカが驚くほど旺盛に育ちました。

実験背景

かつて訪ねた原産地。あの環境でスイカを育てたい

砂漠の環境を再現したい！

(上)野生種の葉は切れ込みが深く、表面積が小さい。水分の蒸散を抑えるためと推測される。スイカの英語名はウオーターメロン。小ぶりな実には、たっぷりの水分が蓄えられている。(下)かつてオートバイで旅したアフリカ南部の砂漠地帯。カラハリ砂漠は南緯12～28度に位置し、年間降水量は150～500㎜ほど。砂丘もあれば、緑の草木が茂る地域もある

スイカの忘れられない記憶があります。それはアフリカで食べた、みずみずしいスイカの味です。わたしは、20代から30代前半にかけてオートバイで世界中を旅していました。そのときスイカの原産地とされるアフリカ南部の砂漠地帯にも足を踏み入れました。当時の日記には、スイカの記述が残っています。

「ウィントフーク（ナミビアの首都）からボツワナの国境まではおよそ300㎞の一本道。カラハリ砂漠といわれる地域だが、砂漠という言葉からイメージされる砂の海という景観ではない。乾燥はしているけれども一帯は灌木がまばらに生え、緑の草木も見られる。（中略）150㎞ほど走ったところにあった集落のガソリンスタンドで休憩。露店に山積みされたスイカを買い、殺人的な暑さでカラカラに渇いた喉を潤す。」

しかし…1年めは 大失敗

乾燥した砂漠の環境を再現するために、砂（珪砂《けいしゃ》）を入れた塩ビ管に種をまいて栽培した。結果、つるは長く伸びず、葉や実は小ぶりで満足に収穫できなかった。とはいえ、株姿や小さな実はアフリカの野生種に近く、この栽培法の大いなる可能性を感じた

カラハリ砂漠の砂は主成分が石英であることから、同じく石英を成分とする珪砂を使った。ふつうの砂よりも目が細かくさらさらしている。珪砂は工事用やDIY向けに販売されている

20年近く前の経験ですが、暑さで疲れた体をスイカが癒やしてくれたことを今でも鮮明に覚えています。そのとき食べたスイカは甘みは少なかったものの、みずみずしさは格別でした。

それにしてもあの乾いた土地で、なぜあんなにも水分たっぷりのスイカが育つのか。それは、本来2mにも及ぶとされる根の深さによるものと思われます。じつはカラハリ砂漠はまったくの不毛地帯ではありません。当時の日記にもあるように、場所によっては多くの草木が生えています。一見乾燥しているようでも地下には、植物が育つのに十分な水が蓄えられているのでしょう。カラハリ砂漠のスイカは、長く伸びた根でその水分を吸い上げているのです。

スイカは強い光と高温、そして水はけのいい砂質土壌と雨の少ない乾燥した環境を好みます。雨が多く、湿度の高い日本の夏はスイカの生育に適しているとはいえません。もっと原産地に近い環境を再現できれば、病害も出にくく、みずみずしい味のいいスイカができるのではないか。なによりわたし自身がアフリカのスイカをもう一度食べてみたい。そこで、わが家の畑に砂漠に近い環境を再現し、スイカを育ててみました。

実験方法

塩ビ管に用土を詰め、原産地の土壌環境を再現

改良を加え、2年めの栽培スタート

高温と強い光においては、日本の夏もカラハリ砂漠にひけをとりません。問題はいかに乾燥した環境をつくり、砂漠で育つスイカのように根を深く伸ばせるかです。

それを再現するために利用したのが塩ビ管です。塩ビ管の長さは70・100・130㎝の3通り。スイカの根が土壌中の養水分を吸収するためには、塩ビ管の長さ以上に根を伸ばす必要があります。なお塩ビ管に詰める砂は、カラハリ砂漠の砂の主成分である石英と同じ、珪砂を用いました。

ちなみに今回の栽培は2年越しで行いました。先に触れたように1年めの実験は失敗しましたが、それは塩ビ管の中をすべて珪砂にしたのが原因だったと推測しました。保水性や保肥力があまりに乏しかったのでしょう。そこで、2年めは珪砂と培養土を1：1の割合で混ぜて、水分や養分をある程度吸収しやすくしました。

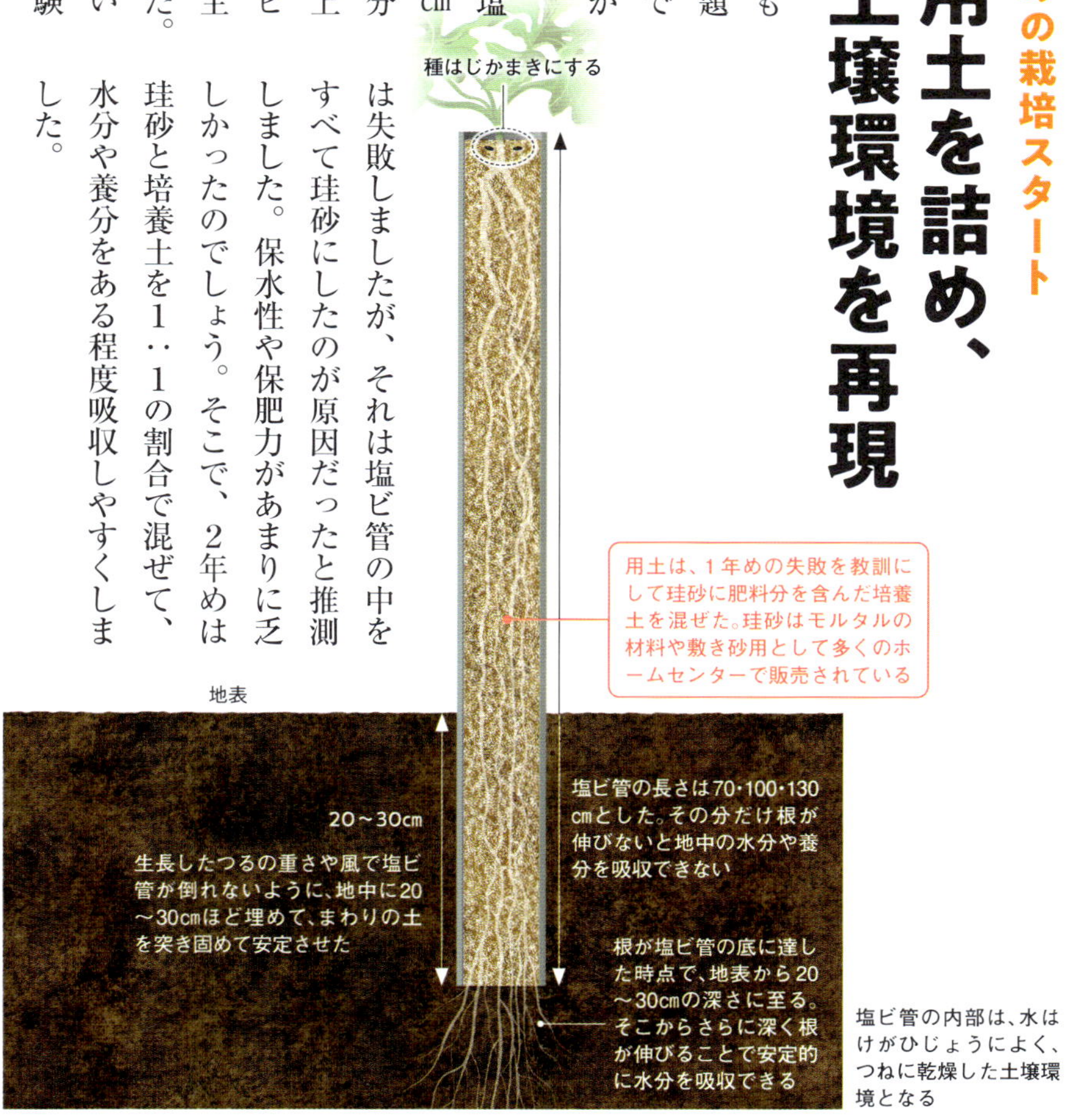

種はじかまきにする
用土は、1年めの失敗を教訓にして珪砂に肥料分を含んだ培養土を混ぜた。珪砂はモルタルの材料や敷き砂用として多くのホームセンターで販売されている
地表
20～30㎝
生長したつるの重さや風で塩ビ管が倒れないように、地中に20～30㎝ほど埋めて、まわりの土を突き固めて安定させた
塩ビ管の長さは70・100・130㎝とした。その分だけ根が伸びないと地中の水分や養分を吸収できない
根が塩ビ管の底に達した時点で、地表から20～30㎝の深さに至る。そこからさらに深く根が伸びることで安定的に水分を吸収できる

塩ビ管の内部は、水はけがひじょうによく、つねに乾燥した土壌環境となる

塩ビ管栽培の手順

塩ビ管を設置する

直径10㎝のＶＵ管（塩ビ薄肉管）を使用。長さは、130㎝×１、100㎝×２、70㎝×２の計５本で実験した。塩ビ管の間隔は約50㎝、深さ20～30㎝で地中に埋め、安定させた

珪砂と培養土を詰める

根が地面に達するまでに必要な水分や養分を供給するために、容器で珪砂と培養土を１：１の割合で混ぜて塩ビ管に詰め、水を各２ℓほど与えた

栽培経過
実験結果

果汁たっぷりの実がどっさりとれた

栽培は苗からではなく、種をじかまきしました。カラハリ砂漠に自生するスイカのように深く根を張らせるためです。

親づるが5～10節に生長した段階で摘芯し、子づるは放任にします。生育初期に葉がしおれたので、1～2回水をやりました。摘芯後は根が地中まで達したのか、葉がしおれることはなくなりました。

8月中旬～下旬にかけて次々と立派な実が収穫できました。長さが異なる5本の塩ビ管すべての株が順調に生育し、収穫がひととおり終わった8月末でも、葉が青々としていたのには、驚きました。

なお、塩ビ管の長さの違いによる生育差は、とくに見られませんでした。

種まき

5月中旬

土にたっぷりと水を含ませた状態で、深さ約1㎝で種を２～３粒まいた。品種は、楕円形の小玉スイカ『マダーボール』（ヴィルモランみかど）

間引き

6月上旬

本葉１～２枚で生育のいい株１本を残して間引いた。残す株の根を傷つけないように

摘芯

6月下旬

親づるが５～10節に伸びたところで摘芯して、わき芽を伸ばした。小玉スイカの場合、一般的には４～５本の子づるを伸ばすが、今回は本数を制限せず放任した

8月中旬ごろから小玉としては十分な2kg前後の実がとれだした。写真は、株を片づける直前の8月下旬にいっせいに収穫した状態。サイズの差は多少あったが、未熟な実や熟しすぎているものがほとんどなく、塩ビ管栽培は収穫適期が長くなっている気がした。赤く熟した果肉はひときわみずみずしい

8月中旬

収穫開始

＼じゅわ～っと滴る果汁／

梅雨が明け、気温が上がると旺盛に育ち、つるは塩ビ管のまわりの地面に広がり始めた。毎日のように開花する花を探すのは困難だったので、受粉は自然に任せた

＼こんなに長く伸びました／

考察

乾燥土壌で根を下に長く伸ばし、強健に育った

根の状態を観察するため、8月末に株を片づけて掘り上げました。左の写真をご覧ください。掘り上げることができた部分だけでもわたしの身長（173cm）よりはるかに長く伸びています。砂漠で育つスイカのように地中深くから水分や養分を吸収していたのでしょう。

さらに、比較用に畑に種をじかまきし

普通栽培の根を見てみると…

主根は20㎝ほどの深さまで下に伸び、そこから横に広がっていた。横方向の広がりは、株を中心に半径1m以上。地表付近の水分や養分を吸収していたと思われる

た「普通栽培」の根も掘り上げました。こちらは、根が横に広がって伸びています。地表付近に水分や養分が十分にあったためと推測されます。

この根の違いは、生育後半の株の勢いにも現れました。塩ビ管栽培は収穫期を迎えても株が旺盛でしたが、普通栽培は株が弱り始め、8月下旬にはいっせいに枯れてしまいました。

収穫した実の数は普通栽培も塩ビ管栽培も1株平均5～6個とほとんど同じでした。ただ、塩ビ管栽培は株を撤収した時点で、小さな実がたくさんついていたので、栽培を継続すればまだ収穫できたはずです。砂漠で育つスイカのように根を長く、深く伸ばすことで、強健に育ったのはまちがいありません。なお栽培スペースについては、普通栽培より塩ビ管栽培のほうが場所をとりませんでした。

野菜はそれぞれ育ってきた環境が異なります。それを家庭菜園の均一な環境で育てること自体、無理があるのかもしれません。今回の実験で、局所的にでも原産地の環境に近づけるだけで、野菜はグッとよく育つのだとわかりました。

塩ビ管栽培の根を見てみると…

主根は塩ビ管の中を下へ伸び、地面に達したあとも、下へ下へと伸びている。その長さ２ｍ以上。乾燥状態からいち早く抜け出すために、地中深く根を伸ばしたものと思われる。普通栽培に比べて根は太い

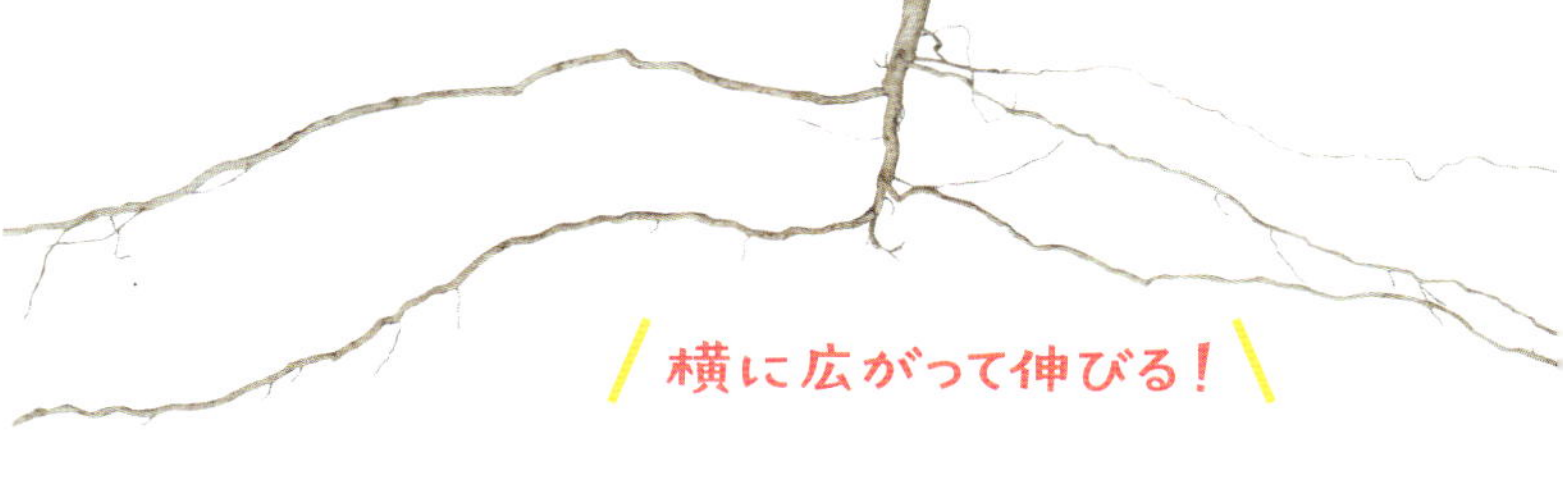

同じ場所で3品目をまとめて収穫

トウモロコシ、カボチャ、インゲンマメの三姉妹農法

トウモロコシ、カボチャ、インゲンマメを組み合わせるコンパニオンプランツの元祖ともいえるのが「三姉妹農法」です。発祥は、古代メキシコ。人類のはるかな農の営みに思いをはせつつ、日本の気候に合わせた作型を探ります。

実験背景

コンパニオンプランツの源流をたどる

3品目の作物が、それぞれのスペースで育つので、限られた広さの菜園を最大限、有効に利用できる

かつてメキシコに1か月ほど滞在したことがあります。そこで毎日のように食べていたのがタコス。すりつぶしたトウモロコシの粉からできた薄いパン（トルティーヤ）に野菜やひき肉などを挟んだ料理で、わきにはかならずインゲンマメのペーストが添えられていました。

当時はなにげなく食べていましたが、自分で家庭菜園をやるようになって、この取り合わせは食卓にのぼる以前、すでに栽培の時点からできあがっているということを知って興味を持ちました。現地の言葉で「ミルパ」と呼ばれる伝統農法で、トウモロコシとカボチャとインゲンマメを同時に栽培するのです。いずれもメキシコとその周辺地域が原産地の作物ですから、ずっと古くから行われていたのがわかります。

ミルパは「三姉妹農法」ともいい、近年は日本の家庭菜園でも実践する人が増えているコンパニオンプランツ（2種類以上の作物を組み合わせて栽培することで、相乗効果や相互補完を狙う農法）の源流の一つともいわれています。この3品目を同時に育てると、次のような効果が期待できます。

・トウモロコシの茎がインゲンマメの支柱になる。
・インゲンマメの根に共生する根粒菌の働きで窒素固定が行われ、畑に養分が供給される。
・地表を覆うカボチャのつるがマルチ代わりになり、土の乾燥や泥跳ね、雑草を抑制する。

三姉妹農法の仕組み

三姉妹とは、トウモロコシとカボチャ、インゲンマメのこと。
3種類の異なる作物を同時に育てることで、たがいの生育にとって有利な条件を作り出すコンパニオンプランツ（共栄植物）という関係を築いている。

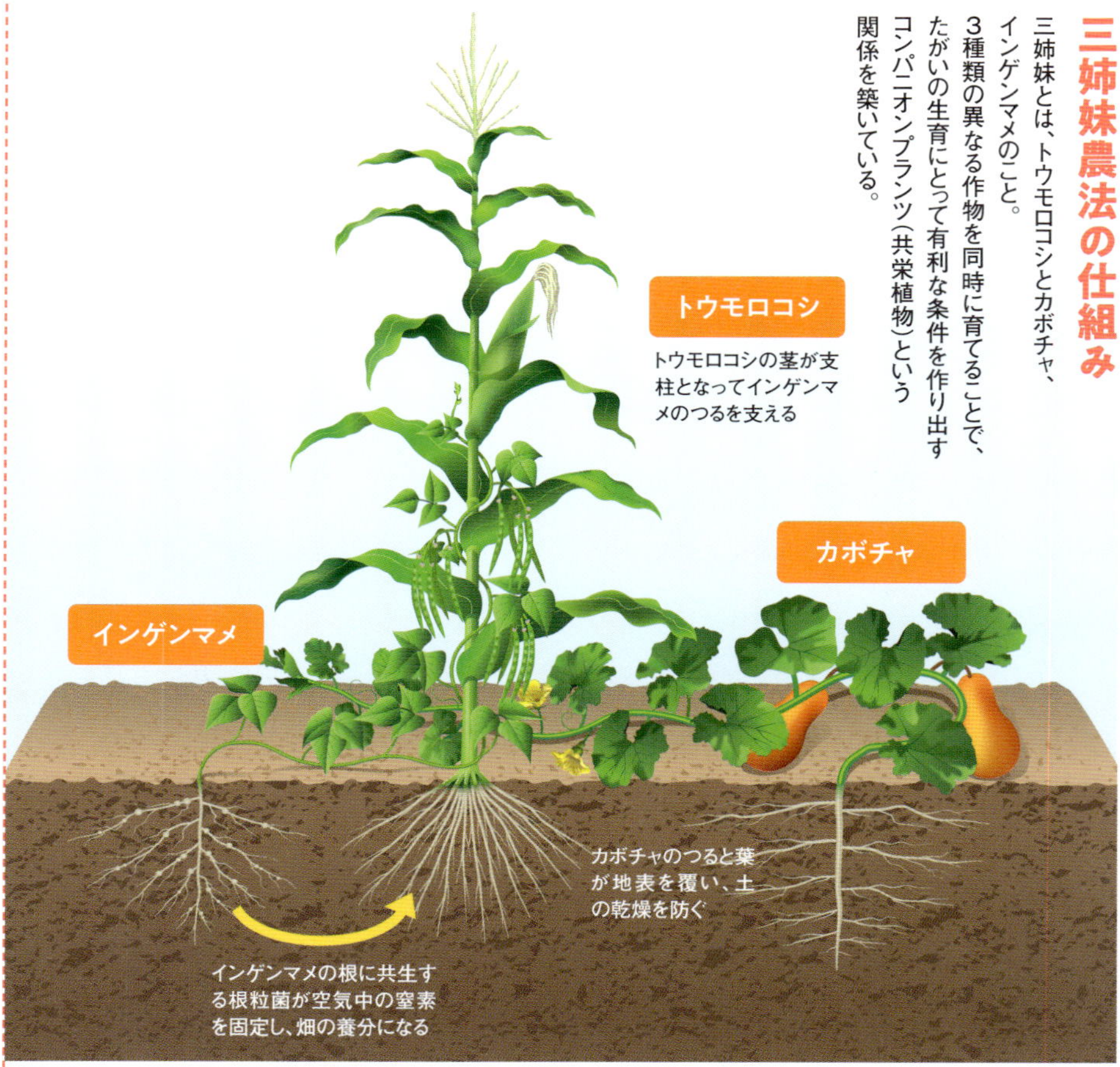

トウモロコシ
トウモロコシの茎が支柱となってインゲンマメのつるを支える
カボチャ
インゲンマメ
カボチャのつると葉が地表を覆い、土の乾燥を防ぐ
インゲンマメの根に共生する根粒菌が空気中の窒素を固定し、畑の養分になる

UNITED STATES OF AMERICA
$1

三姉妹農法は、アメリカ大陸先住民の優れた農耕文化として広く紹介されている。写真はアメリカ合衆国の記念硬貨に描かれた図柄

伝統的な三姉妹農法では、農薬も化学肥料も使いませんが、収量はけっして低くないそうです。自然の摂理にのっとった栽培法は、健康的な野菜を育てたいと思っている菜園愛好家にとって理想的ではないでしょうか。また、狭い畑でも多品目を同時に育てられるというメリットもあります。

今回は、このメキシコの伝統農法を、現代の日本に再現してみました。

実験方法

生育ステージに合わせて種まき時期を調整する

伝統的な三姉妹農法について、はっきりとわかっているのは3品目を同時に育てるということだけ。種まきの順などを変えて試したところ、次の方法でもっともよい結果が得られました。

まず4月下旬に、トウモロコシとカボチャの種をじかまきします。トウモロコシは1穴3粒、カボチャは2粒ずつまき、発芽後間引いてそれぞれ1本にします。カボチャの苗はウリハムシの被害を受けやすいので、筒状にした肥料袋をかぶせるあんどんで保護しました。

インゲンマメの種はトウモロコシが草丈20cmほどに育ったらまきます。カボチャが繁茂すると、後から種をまくインゲンマメがうまく育たないので、その前にトウモロコシに絡ませなくてはいけません。

カボチャは本葉4~5枚に育ったら親づるの先端を摘んで子づるを伸ばします。つるは地表にまんべんなく広がるように誘導してやります。

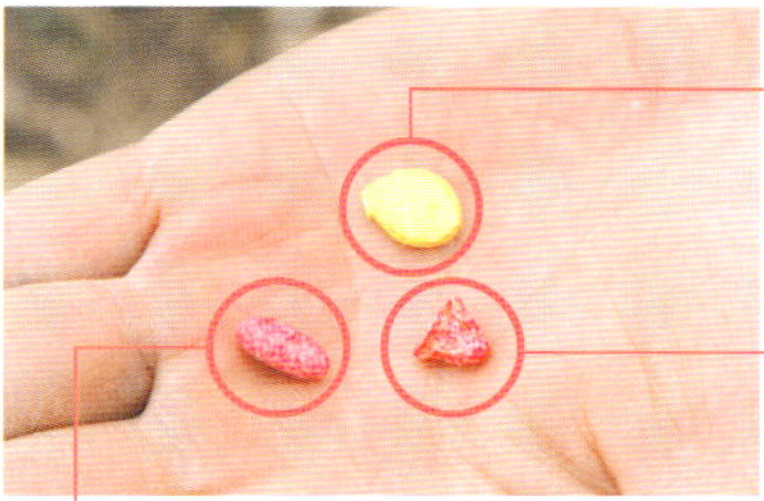

家庭菜園でも一般的で、私もよく栽培している品種を選んだ。三姉妹農法では栽培時期が合う品種をそろえるのが重要。スタートから90日後の同時収穫をめざす

6月になると生育したトウモロコシにインゲンのつるがからみ、地表にはカボチャのつるが広がり始めた

1

伝統的な三姉妹農法では焼き畑による輪作や家畜ふんの施用による土づくりが行われている。今回は、元肥として1㎡当たりスコップ1杯程度のボカシ肥を施した。その後、トウモロコシとカボチャの種をまく

インゲンマメのつるがトウモロコシの株元に巻きつき始める

3

トウモロコシの株元から10㎝ほど離れた場所に、インゲンマメを1穴3～4粒点まきする。発芽後、本葉3～4枚で2本立ちにする

2

トウモロコシ、カボチャともに1週間前後で発芽。トウモロコシは草丈10～15㎝になったら、カボチャは本葉2枚で間引いて1本にする

トウモロコシ、カボチャの種まきから60～70日で、三姉妹の形ができあがってくる

実験結果考察

タイミングを合わせれば、3品目が仲よく共存

インゲンマメは収穫期間が長いので、さやが太ったものから順次とる。カボチャはトウモロコシ収穫のタイミングで、へたが茶色くコルク状になっていればベスト。トウモロコシは収穫後もインゲンマメの支柱として茎を残しておく

3つの作物はその後も順調に生育し、7月下旬、同時収穫に成功しました。はたして三姉妹農法の効果はあったのか、結果を振り返ってみます。

まず、根粒菌による窒素固定効果です。カボチャやインゲンマメはそこそこよくできましたが、トウモロコシは品種の標準サイズより3割ほど小さいサイズにとどまり、十分とはいえませんでした。ただし、これには元々の地力も影響したと思います。継続的な三姉妹農法で窒素固定を繰り返せば、徐々に土壌が肥沃になり、無肥料でももっとよく育つようになるかもしれません。

次にリビングマルチと支柱の効果ですが、これは生育のタイミングにかかっています。最初にトウモロコシを生長させて茎にインゲンマメを巻きつけ、その後にカボチャが地表を覆っていかないと、期待する効果が得られないばかりか、逆に他の作物の生育を阻害してしまうのです。

三姉妹農法は、うまくいけば畑の効率的利用ができ、相乗効果も発揮されますが、難易度は高めかもしれません。しかし、畑の作物それぞれに役割を割り当てる栽培法には、大きな可能性があります。つる性野菜や根粒菌を持つ作物などを組み合わせ、自分の畑に合った兄弟姉妹を探すのもおもしろいでしょう。

第1章 果菜類

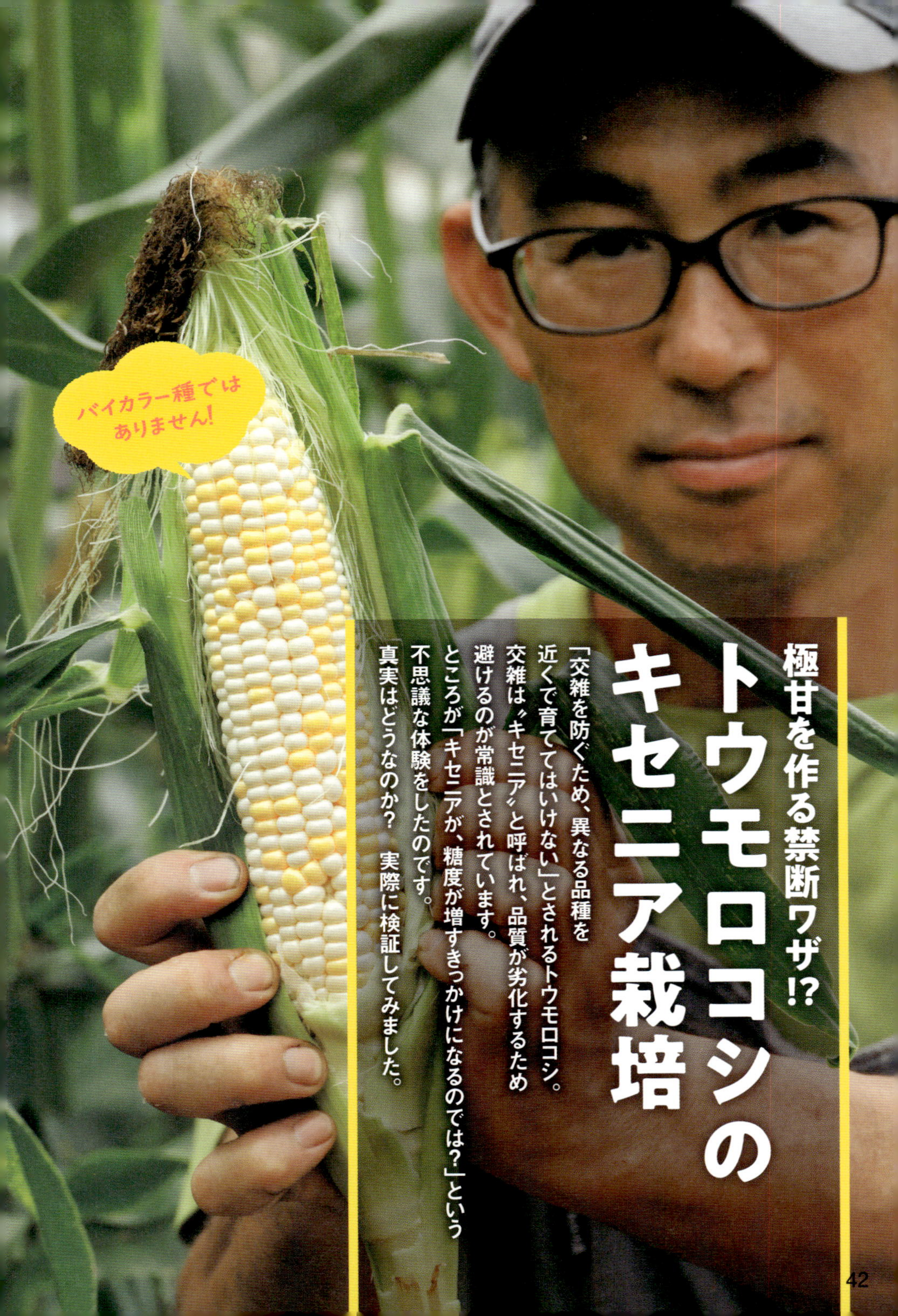

極甘を作る禁断ワザ!?

トウモロコシのキセニア栽培

「交雑を防ぐため、異なる品種を近くで育ててはいけない」とされるトウモロコシ。交雑は〝キセニア〟と呼ばれ、品質が劣化するため避けるのが常識とされています。ところが「キセニアが、糖度が増すきっかけになるのでは?」という不思議な体験をしたのです。真実はどうなのか? 実際に検証してみました。

実験背景

〝キセニア〟は、ほんとうに禁則なのか？

トウモロコシ栽培では、異なる品種を近くで育てるのはご法度とされています。キセニア現象によって、品種本来の食味や食感が落ちるためです。

ところがある時、家庭菜園を始めたばかりの友人が、それを知らずに品種の異なるトウモロコシを隣り合った畝で育ててしまったのです。どちらも黄色い粒の品種だったので、見た目の変化はありませんでしたが、食味はどうかと思い食べてみたところ、思ったほど悪くはありません。それどころかむしろ甘みが増しているように感じたのです。

生半可な知識による「キセニア＝品質の劣化」という固定観念で、わたし自身、トウモロコシの栽培は1品種を徹底していました。ただ、考えてみればキセニアで品質劣化が懸念されるのは、飼料用のデントコーンやポップコーンとして利用される爆裂種とスイートコーンが交雑した場合でしょう。

スイートコーン同士のキセニアについては、どこまで品質に影響が出るのかははっきりとはわかりません。となれば、試してみるしかありません。

キセニア現象とは

少し難しい話になるが、最初にキセニアの説明をしよう。

果実や種子の性質に、花粉の持つ優性の影響が現れる現象をキセニアという。被子植物であるトウモロコシの場合、胚乳に影響が現れる。粒が白色種の雌穂に、粒が黄色種の花粉が受粉すると、色的には黄色が優性なため、キセニアが発現した粒は黄色くなる（もともとの白色に黄色が交じる）。反対に黄色種の雌穂に白色種の花粉が受粉した場合は、白色は劣性なので、キセニアが発現しても粒は白くならず黄色いままである。

キセニアは粒の色だけに出るのではなく、食味にも影響を及ぼす。つまり品質の劣化である。そのため通常は、トウモロコシの栽培では近くに異なる品種を育ててはいけないとされている。

トウモロコシのキセニア現象

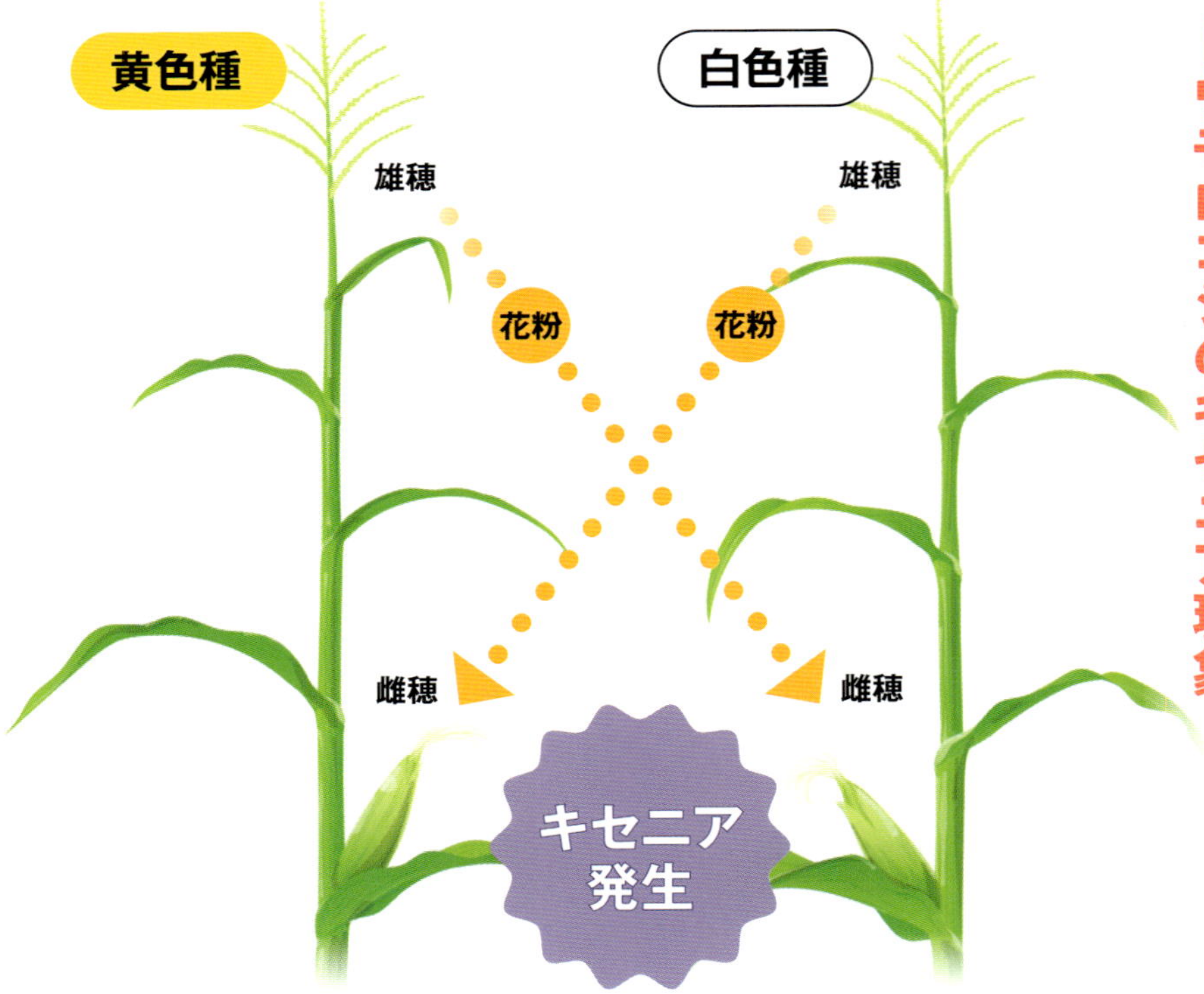

黄色種の雌穂に白色種の雄穂の花粉が受粉してキセニアが発現しても、粒色は変色せず、黄色のまま

白色種の雌穂に黄色種の雄穂の花粉が受粉すると、キセニアが発現した粒は変色し、黄色くなる

色による優劣

粒の色の優劣は、茶や紫＞黄色＞白となる。ちなみに赤、紫、黄などの複数色が交じった観賞用のトウモロコシは、もともとは白色の粒を持つ株のまわりに有色の品種を配置して、キセニア現象によって作られたもの。

粒の構造

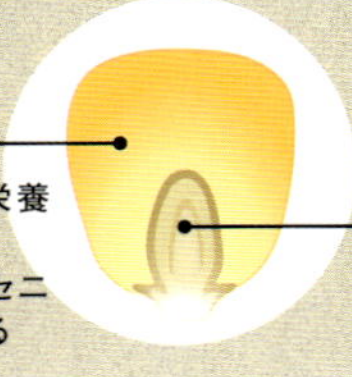

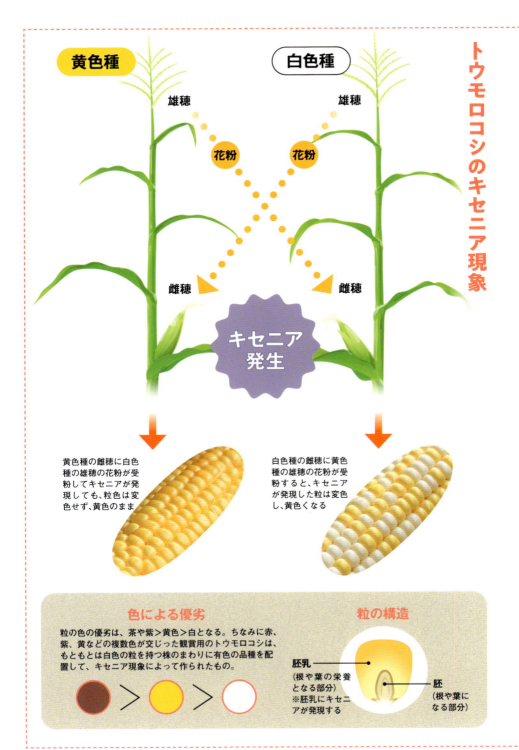

実験方法

2品種を交雑エリアと単独エリアに分けて育てた

黄色種と白色種を同じ畝で同時に栽培し、わざとキセニアを発現させます。前述のとおり黄色種はキセニアになっても劣性の白色は出ず、粒色は黄色一色となります。白色種は黄色の粒が交じるので、キセニアの発現がはっきりとわかります。それによって黄色種もキセニアが発現したと考えられます。

キセニア栽培との比較のために15mほど離れた畝に単独で白色種を、さらに15m離れた畝に単独で黄色種を栽培します。単独畝は、キセニアを発現させてはいけません。そのためには他の品種と100～200m離して花粉の飛来を防ぎます。しかし現実問題として、わたしの畑でその距離を確保するのは不可能なので、種まき時期をずらして受粉のタイミングを変えました。

トウモロコシは肥料を多く必要とする作物です。種まきの2週間ほど前に1㎡当たり堆肥を3～4kgと元肥として200～300gのボカシ肥を施しました。

黄色種

『あまいんです88』（渡辺農事）
88日タイプの中生種で、穂重は皮付きで450g以上になる。粒皮がやわらかく、ジューシーでみずみずしさがあり、強い甘みがある。

白色種

『味甘ちゃんホワイト』（武蔵野種苗園）
88日タイプの中生種。穂重は皮付きで400g以上。粒がやわらかく、ハチミツのような濃厚な甘みがある。

作付けの概要

単独エリア1

黄色種の『あまいんです88』を２条で、５月６日に播種。

単独エリア2

白色種の『味甘ちゃんホワイト』を２条で、４月29日に播種。

交雑エリア

１つの畝に黄色種の『あまいんです88』１条、白色種の『味甘ちゃんホワイト』１条で栽培。４月22日に播種。

受粉を促す

それぞれのエリア内で確実に受粉させるため、雄穂が出穂し、花粉が発生したら株を揺らして受粉を促した。なお、受粉を終えた株は雄穂をカットし、花粉に反応して寄ってくるアワノメイガの飛来を抑えた。

雌穂

雄穂

種をまく

いずれも畝幅は80cm、２条まきで条間は40cm、株間は30cm。種は１穴２粒ずつまき、本葉３枚で間引いて１本立ちに。追肥は、雄穂が出た頃にボカシ肥100～150g／㎡を施した。

実験には正確を期した

黄色種（単独エリア1）、白色種（単独エリア2）、黄色種・白色種（交雑エリア）の３つの畝に分け、１畝２条で各20株を栽培。交雑を避けるため畝と畝の間は約15m離し、さらに種まきのタイミングを1週間ずつずらした。収穫適期になったものから適宜収穫し、糖度を測って比較、検証する。

品種は交雑エリアで受粉のタイミングを合わせるため、いずれも中生の88日タイプを選んだ。なお収穫適期の88日はあくまで目安。実際は絹糸発生からの積算温度で決まる。生育後半が夏の暑い時期にかかり、登熟期間が短くなるので、種まきの遅れによる収穫時期の差は、ほとんどなくなってくる。

実験結果考察

いずれの品種も、キセニア果の糖度がアップ

絹糸が茶色く変色したのと、種まきからの日数を目安に適宜収穫。粒が詰まった5本を選んで糖度を測定した平均値が下記です。結果から言えば、黄色種も白色種も、単独で栽培した場合に比べ、キセニアが発現したほうが糖度は高くなりました。

さらに黄色種の場合、糖度の平均値は単独18度にたいし、キセニア（果）は19・8度でしたが、個別では糖度21度を示したものが3本ありました。これは一般的なトウモロコシの糖度、16〜18度と比べると、際だった甘さといえます。

白色種は、平均値は単独16度にたいし、

糖度を測定すると

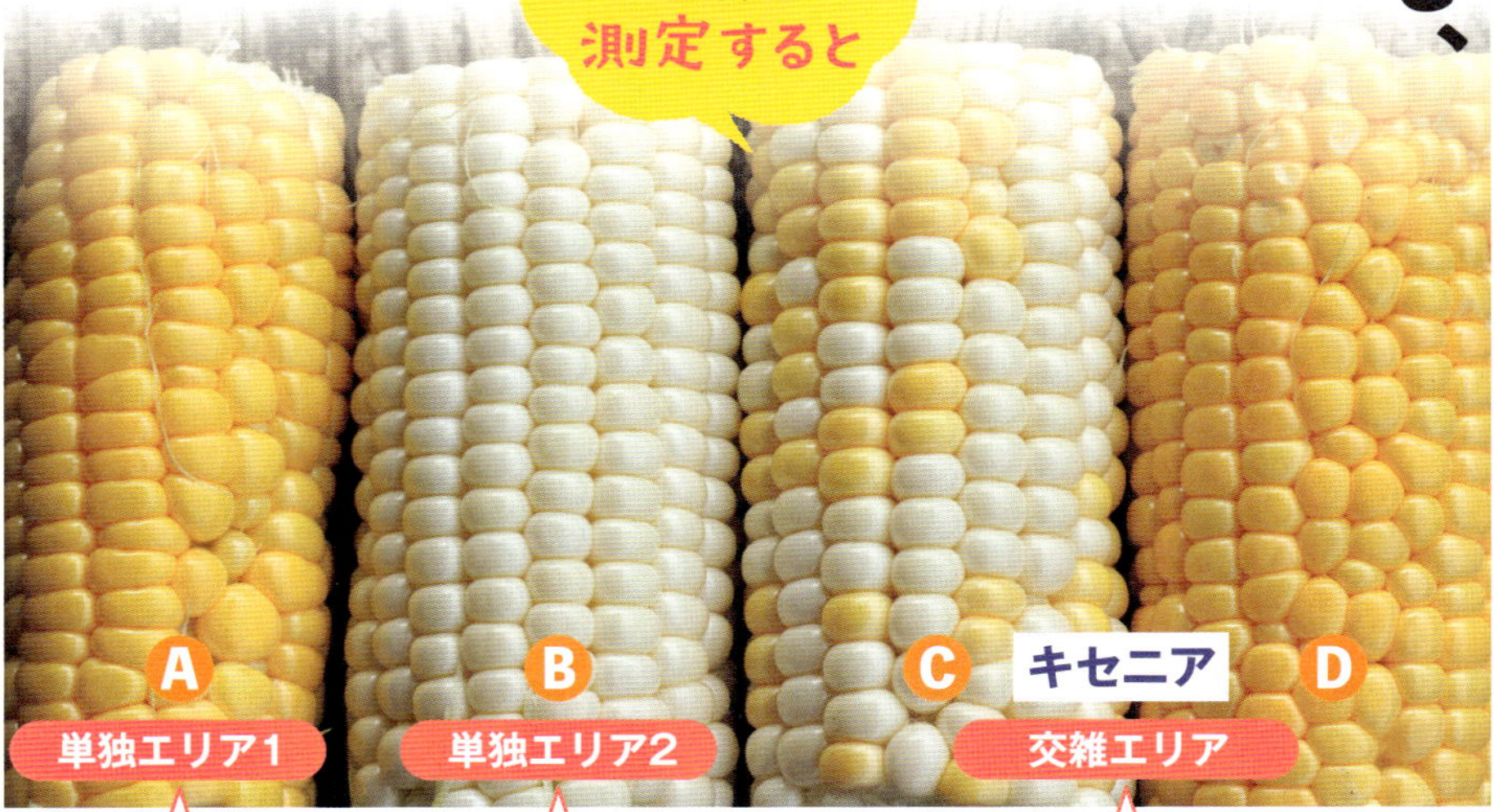

A 単独エリア1	B 単独エリア2	C 交雑エリア	D 交雑エリア
雌穂（黄色種）×雄穂（黄色種）	雌穂（白色種）×雄穂（白色種）	雌穂（白色種）×雄穂（黄色種）	雌穂（黄色種）×雄穂（白色種）
糖度18度	糖度16度	糖度17.6度	糖度19.8度
全株において糖度16〜20度と、安定した数値を計測。食味は申し分なし	全株において糖度15〜17度と、黄色種やキセニアの株に比べると糖度は低いが、食味は申し分なし	Bのキセニア果。黄色種の花粉が受粉した粒に優性の色がつき、バイカラー種のようになった	Aのキセニア果。キセニアは発現しているはずだが、黄色が優性のため粒色は白くならなかった

※数値は5株の平均値

キセニア果は、17・6度。こちらも個別では、20度を示すものがあり、確実に糖度が高くなったのです。

心配していた食味も、濃厚な甘みがあり、粒皮のやわらかさやみずみずしさも損なわれていませんでした。

キセニア現象が発現すると品質が劣化すると言われていますが、今回の検証では、まったく逆の結果となりました。なぜなのでしょうか。

確実に言えるのは、キセニアは優性の性質が出るということ。今回の場合、単独栽培で比べると糖度が高いのは黄色種でした。もともと優性なのは黄色種なので、白色種ベースのキセニアは、その分糖度がアップしたと推測できます。黄色種ベースのキセニアは、白色種が劣性なので黄色種の特性が発現し、糖度が落ちなかったのでしょう。

ただ、単独栽培時の黄色種以上に糖度が高くなった理由は、それだけでは説明できません。交雑により、まだ科学的には解明されていないなんらかの作用が働いたと思われます。

いずれにせよ、今回の実験からわかったのは、スイートコーン同士のキセニアであれば、著しく品質が劣化する心配はおそらくないということです。むしろ、組み合わせによっては今回のような好結果を生む可能性を秘めているのです。一時的な新品種の創出と言ってもいいでしょう。

本来、野菜の品種改良には長い年月がかかりますが、手軽にこんなことができるのはトウモロコシだけです。好みの品種で自分なりの組み合わせを試してみるのも一興です。

糖度はあまーい
バナナなみ

納豆液で粘り増強!?

オクラのネバネバ実験

オクラ独特のねばりは食欲増進などの働きがあり、熱い夏に元気をつけてくれます。そのネバネバを増強できないか、という思いで中国の「同物同治」の思想に基づき、同じネバネバを持つ納豆液をオクラに施用。はたして粘りはアップするのか。まじめに調べてみました。

実験背景
実験方法

納豆のネバネバをオクラに分け与えたい

納豆液をオクラの株元に

材料
豆乳（無調整）300mℓ
黒糖 100g
納豆 大さじ2
水※ 3〜6ℓ
※2〜3日くみ置きして塩素を抜いた水道水

用意するもの
電動ミキサー
じょうろ

1 水以外の材料をミキサーに入れる。納豆は製造元で菌が違うので2銘柄を大さじ1ずつ入れると効果が上がる

2 納豆の粒が見えなくなるまで、ミキサーで粉砕する。できた液はじょうろなどに入れ、10〜20倍の水で薄める

3 完成した納豆液を1株200mℓを目安に、20日に1回の頻度で株元に注ぐ

冒頭から私事で恐縮ですが、納豆やモズク、ヤマイモなどのネバネバ食材が大好きです。口に含んだときのねっとりした食感は好みが分かれますが、好きな人にとっては、この粘りこそが命。よくかき混ぜた納豆を箸で持ち上げたときに、長く糸を引くのを見るだけでも口中によだれがわいてきます。

野菜にも粘りを持つものがたくさんあります。先述したヤマイモをはじめ、オクラ、モロヘイヤ、ツルムラサキなど。これらのネバネバは胃の粘膜保護や、タンパク質の消化促進などの働きがあり、食欲を増進させてくれるので、夏の元気の源として欠かせません。わが家でも毎年オクラを栽培していますが、あるとき、一つの実験を思いつきました。

中国の薬膳には「同物同治」という思想があります。身体の不調を治すには調子の悪い所と同じ部位を食べればいいと

栽培経過

納豆液栽培

普通栽培

普通栽培は20日に1回、1株50gのボカシ肥を追肥。8月上旬の様子では、納豆液栽培のほうが、茎ががっしりりして色が濃い

いうもので、肝臓が弱っているときにはレバー、心臓にはハツが効くというようなことです。その考え方で納豆のネバネバをオクラに取り込めないか。突拍子もない考えですが、だれもが〝まさか〟と思うことに、意外な発見はあるものです。

じつは、この実験にかっこうの資材があります。おもに微生物活性効果を求めて使用される「納豆液」です。納豆菌には有害な菌を抑え込む力があり、微生物をふやすことで堆肥や有機質肥料の分解を促します。材料は納豆と水。さらに菌の餌として豆乳と黒糖を加えます。

施用方法は水をやるように納豆液をオクラの株元に注ぐだけ。5月中旬に種をまき、草丈20㎝になった頃から収穫終了まで20日に1回の頻度で納豆液を与えました。

収穫

実験結果

納豆液によるネバネバ増強効果を検証

オクラのさやは1日で数センチ大きくなるので、とり遅れないように収穫する。さやを収穫したら、併せて下葉も落とし、株元の風通しをよくしておく

収穫がピークを迎える8月上旬に、その日6～10㎝程度に育っていた食べごろの実をいっせいに収穫しました。

オクラの場合、さやのサイズは収穫のタイミングで異なり、育ちすぎるとかたくなって食味が落ちるため、大きさや収量による比較はしにくいのですが、断面を見ると納豆液栽培のほうが平均して肉厚に見えます。かたさは感じられず、むしろネバネバに混じる種のプチプチした食感が増し、オクラならではの味わいを高めています。

本題である粘りは、8本のオクラを包丁で細かく刻み、器に入れてよくかき混ぜたものを、次の方法で比較しました。

❶箸で持ち上げて粘りが切れずに到達する高さ。

❷オクラを載せた皿を逆さにして落下するまでの時間。

結果は左に示したとおり、粘り強さでは納豆液栽培に軍配が上がりました。

粘り強度を比較❶

納豆液栽培

太く、肉厚な果実に

同サイズの普通栽培と断面を比較すると、若干肉厚で種がより大きく育っている。切り口には強い粘りがみられた

長さ25%アップ!

納豆液栽培は約33㎝。オクラのつかみ方や量にも左右されるが、感覚的にも、納豆液栽培のほうが粘りが強かった

普通栽培

サンプルとして8本を収穫。若干の曲がり果やイボ果がみられるが、虫害や日照不足などが原因と思われる。納豆液栽培も同様

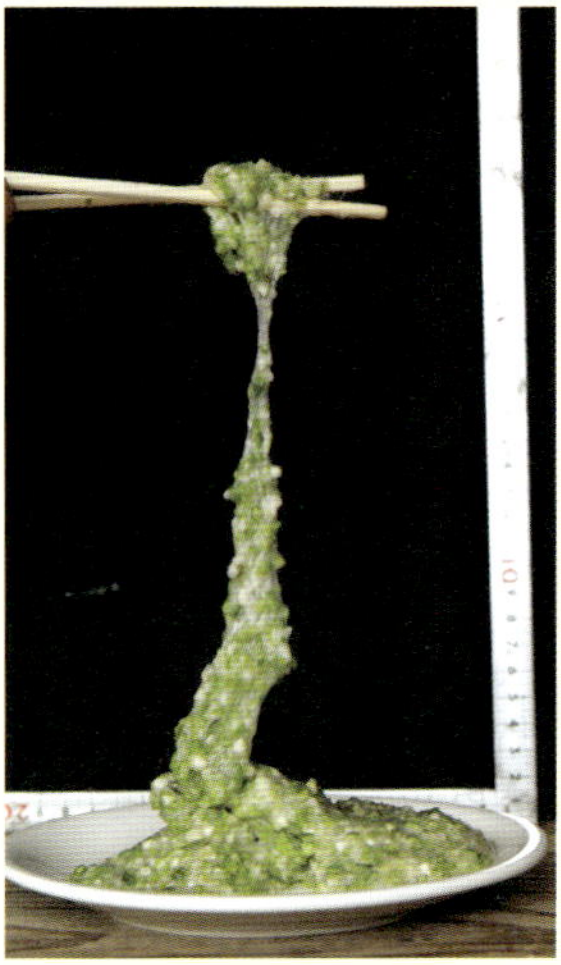

細かく刻んで皿に盛ったオクラを箸で持ち上げ、ネバネバの伸びを定規で計測する。普通栽培は約26㎝

粘り強度を比較❷

落下までの時間

9.89秒

粘り強く重力に耐え、耐久時間が3秒延びた!

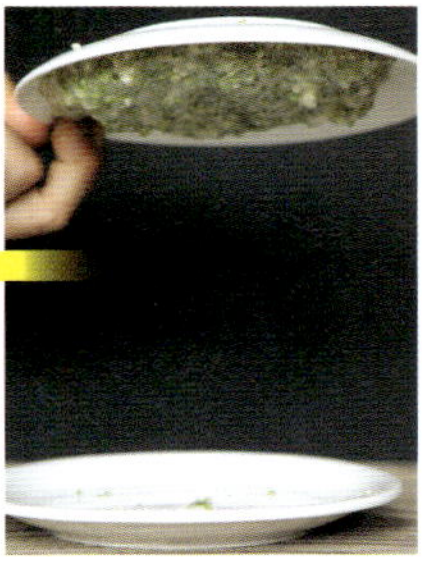

落下までの時間

6.91秒

(5回計測の平均値)

皿を逆さにして、落下するまでの時間を計測した

考察

納豆の成分がオクラの生育を促したか

納豆菌の力はにおいや粘りの強さに比例する。豆乳と混ぜてミキサーで粉砕しても粘りは生きている

オクラの粘りは、納豆液で確かに増強できました。「同物同治」の思想に基づけば、納豆の粘りがオクラに取り込まれたことになりますが、実際にはもう少し複雑な理由がありそうです。

オクラのネバネバ成分は、ペクチンやガラクタン、アラバンといった水溶性の食物繊維と多糖類の混合物です。これらは光合成によって植物体内でつくられる炭水化物の一種であり、なんらかの効果でその量が増したと推測できます。

納豆液に含まれる物質で炭水化物の増量に寄与するのはアミノ酸です。アミノ酸は炭水化物を含み、光合成でつくられる炭水化物に上乗せされてさやに蓄積されます。また、通常、窒素を硝酸として吸収した場合、それを野菜の体をつくるタンパク質の原料であるアミノ酸に合成するためには、光合成でつくられた炭水化物が使われますが、それも節約できます。その結果、さやの炭水化物が増加して、粘りを増したのではないでしょうか。

ボカシ肥もアミノ酸を含みますが、納豆液は水に溶かした状態で施用するため、よりスムーズに吸収できるのです。納豆液本来の微生物資材としての働きも忘れてはいけません。納豆菌が土中の有機物を分解し、それが他の微生物の餌となり、ボカシ肥を施用した普通栽培以上に土壌が豊かになったのでしょう。

今回は納豆液をオクラに施用しましたが、茎葉を食用とするモロヘイヤやツルムラサキも同様に、ネバネバ増強を期待できそうです。

アミノ酸のかたちで栄養を吸収すると、植物が効率的に利用できる

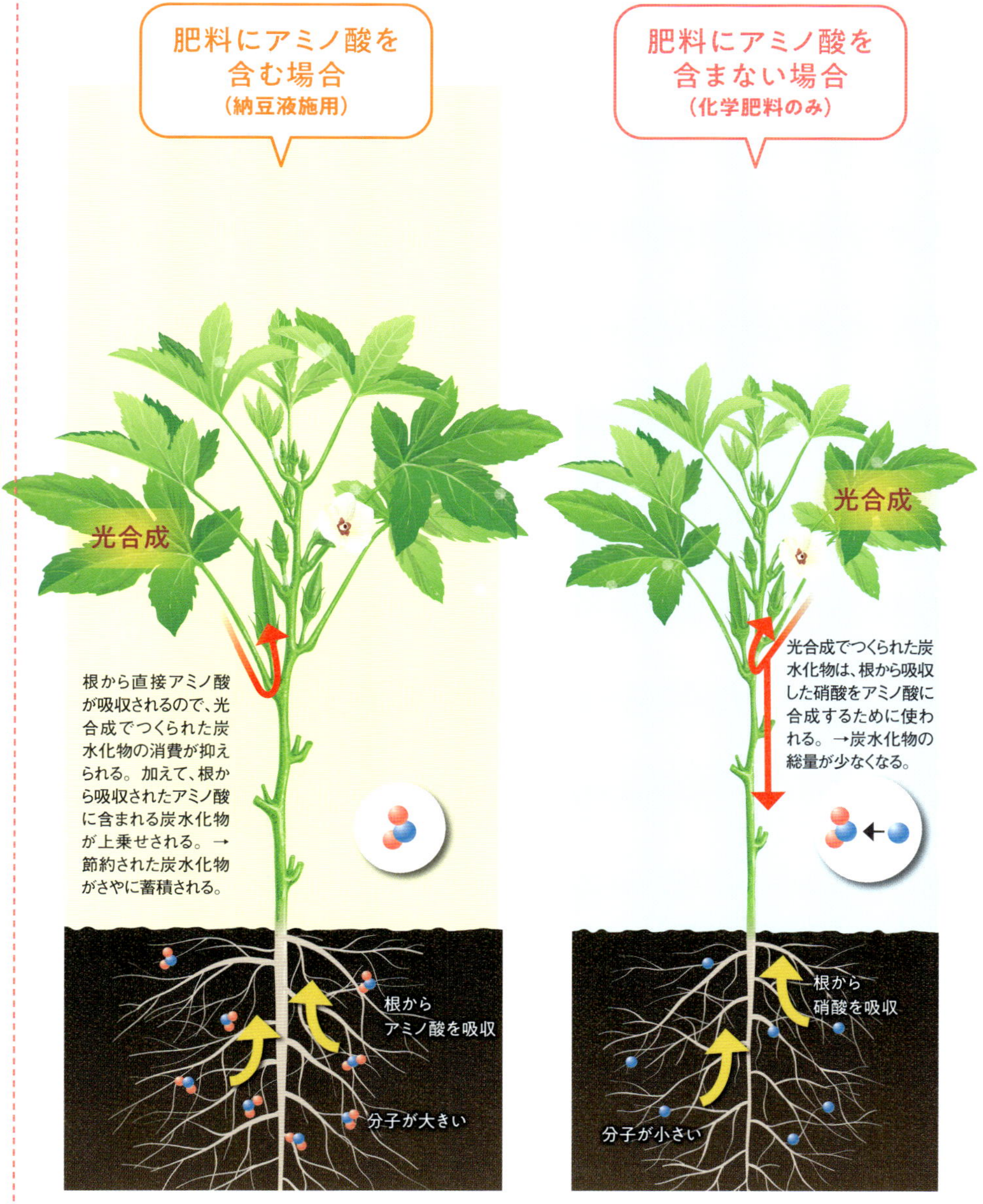

4粒さやがたくさんつく

ソラマメのカキ殻栽培

ソラマメは、マメ科ながら肥料分を好む気難しい作物です。肥料分が少ないと株が大きくならず、逆に多すぎるとつるぼけを起こしたり、アブラムシが多発して病気になったりと、満足に収穫できないケースが少なくありません。「粒数が多く、ぷっくり膨らんださやをたっぷり収穫したい」。長年の夢を試行錯誤の末に、ついに実現しました。

かつてアブラムシ防除にと、畝の横にエンバクを栽培してみたが、効果は限定的だった

実験背景

アブラムシ、施肥のさじかげん…。ソラマメは難しい

ソラマメ栽培でもっともやっかいなのがアブラムシによる被害。窒素分の多い畑で発生しやすいといわれる

同じマメ科で根粒菌がついたラッカセイの根をソラマメの畝に埋めて、収量アップをねらったが、思うような結果は得られなかった

いままでは、失敗の連続…

ソラマメは、病気を媒介するアブラムシがつきやすく、越冬時に寒さで枯れる事態も少なくありません。

　加えて、施肥のさじかげんにも難しさがあります。通常、マメ科植物の根には、生育に必要な窒素分を供給してくれる根粒菌が共生しているため、肥料は控えめにしますが、株が大きく育つソラマメは例外です。肥料が少ないと十分に育たず、逆に多すぎると草丈ばかりが高くなり、実入りが悪くなるつるぼけになってしまいます。過剰な窒素分はアブラムシが多発する原因にもなります。

　こうした難題を解決しようとエンバクをまいたり、ラッカセイの根を埋めたりと策を講じてきましたが、なかなか収量が安定しませんでした。

それがなんと！

食べきれないほど豊作に！

茎がたわむほどに充実した３粒さや、４粒さやがたくさんついた

その問題を解決したのがカキ殻石灰（以下、カキ殻）を用いた方法。ヒントになったのは、同じマメ科のラッカセイの特性です。

ラッカセイは、元肥や追肥に石灰を施用すると空さやや未熟なさやが少なくなることが知られています。そこで物は試しと、ソラマメに石灰資材のカキ殻を施用したところ、いままでにないほどよく育ち、実入りも充実して大豊作となったのです。

わき芽が多く分枝し、草丈はわたしの胸に届くくらいまで高くなりました。生育が旺盛すぎて、収穫を迎えるまではつるぼけしたのではないか、と不安になったほど。でも最終的には大粒の３粒さややや４粒さやが鈴なりになり、食べきれないほどとれました。

実験方法
実験結果

3パターンで比較。カキ殻栽培は、4粒さやが豊作！

作付けの手順

元肥は幅90cmの畝の中央に深さ20cmほどの溝を切って施用。種まきは11月上旬に行った。株間45cm・条間50cmとし、2条で千鳥状にじかまきした

種は、お歯黒と呼ばれるくぼみを斜め下にして、種の1/3が地表に出るように浅く埋める。通気性が確保され、腐りにくくなる

実験は、元肥と追肥にカキ殻を施したカキ殻栽培、草木灰を施した草木灰栽培、発酵鶏ふんを施した普通栽培の3パターンで比較しました。

元肥は、畝の長さ1m当たり150gを溝に施しました。ソラマメは肥料分が少ないと十分に育たないことは先述しましたが、カキ殻と草木灰は窒素分をほとんど含みません。それを補うために、カキ殻栽培と草木灰栽培の畝には、発酵鶏ふんを畝の長さ1m当たり100g加えました。

ソラマメの品種は、『打越一寸』。アブラムシの防除と防寒対策として、種まき後、畝全体に防虫ネットをトンネル掛けしました。防虫ネットは、草丈が伸びた3月下旬に外し、アブラムシがつきやすい茎先を摘芯しました。

なお、3パターンともわき芽かきは行わず、すべて伸ばし、開花直前の3月上旬に1度追肥を施しました。

比較はこの3つ

4月下旬	3月上旬		

カキ殻栽培

草丈は、腰の上まで届いた。生育は他と比べるともっともよい

追肥として条間にカキ殻を畝の長さ1m当たり150g施して混ぜ合わせ、株元に土寄せした

今回使用したカキ殻は成分量の94.8%が石灰で、N:P:K＝0.2:0.15:0.03。また、苦土（マグネシウム）やケイ酸などもわずかに含んでいる。

草木灰栽培

草丈は腰高くらい。カキ殻栽培よりは低いが、普通栽培よりは高い

追肥として条間に草木灰を畝の長さ1m当たり150g施して混ぜ合わせ、株元に土寄せした

主に木材を焼成した自家製の草木灰を使用。一般的な成分量は石灰分が10〜30%でカキ殻ほどではないが多く含む。N:P:K＝0:3〜4:7〜8程度。水に溶けやすく速効性がある。

普通栽培

草丈は腰の下。カキ殻栽培、草木灰栽培に比べると低いが、じゅうぶん大きく育った

追肥として条間に発酵鶏ふんを畝の長さ1m当たり150g施して混ぜ合わせ、株元に土寄せした

ペレット状に加工されたN:P:K＝4.6:4.2:3.4の発酵鶏ふんを使用。石灰分の表記はなかった。カキ殻や草木灰に比べて肥料の三要素がバランスよく含まれている。

5月下旬

4粒さやが多く、5粒さやもできた

重量

約12.7kg

『打越一寸』で、４粒さやがつくのはまれなケース。８株で56個もの４粒さやがついたのは特筆に値する。また１個ではあるが、５粒さやもついた。３～５粒さやを合わせると143個。普通栽培の126個、草木灰栽培の114個を大きく上回った。

1粒さや	2粒さや	3粒さや	4粒さや	5粒さや
81個	136個	86個	56個	1個

3粒さやが多いが、4粒さやが少ない

重量

約11.5kg

２粒さやと３粒さやの数は普通栽培とほぼ同じで、重量もほとんど変わらない。1株に平均13個の３粒さやがつき、４粒さやも、１株を除き１個ずつついた。1粒さやは98個で、3パターン中でもっとも多かった。

1粒さや	2粒さや	3粒さや	4粒さや	5粒さや
98個	157個	107個	7個	0個

3粒さやが多く、4粒さやも適度に多い

重量

約11.8kg

ソラマメの収量は、さや付き重量で1株当たり１kgとれれば上できといわれるが、今回の普通栽培では1株平均1.48kgの収量となった。2粒さやが多かったのは、整枝をしなかったので養分が分散した結果と考えられる。

1粒さや	2粒さや	3粒さや	4粒さや	5粒さや
64個	156個	108個	18個	0個

※重量とさや数は、8株の合計

考察

カキ殻は、ミネラル分豊富で土壌改良効果に優れる

自分史上最高のソラマメができました

いずれの栽培も好成績でした。窒素分を控えた施肥と防虫ネットによる防寒&アブラムシ対策が功を奏したのでしょう。

その中でもカキ殻栽培が頭一つ抜けたのはなぜか。考えられる理由は3つあります。1つめは、草木灰栽培や普通栽培に比べてよりよい施肥ができたこと。施肥で難しいのは窒素分の量ですが、カキ殻の窒素分は微量のため、多めに施しても過剰になる心配はありません。一方で十分なミネラルを供給できるので、それが効いたと思われます。

2つめはカキ殻の多孔質構造が、土壌の生物性や物理性を好適にしたこと。微生物が活性化し、水はけや保水性、肥料もちがよくなり、根がのびのびと広がり、生育がよくなったのでしょう。

3つめはカキ殻の遅効性です。というのもソラマメのさやの粒数は、開花期に肥料や水を切らさずしっかり受粉させると多くなり、豆が充実します。草木灰が速効性なのにたいし、遅効性のカキ殻は開花期のあいだもじわじわと養分が効き続けるため、実入りがよくなったと考えられます。

なお、石灰分とさやつきの関係は、草木灰栽培と普通栽培がさほど変わらなかったことから、現段階では判然としません。ただ今回の結果から、肥料分に気難しいソラマメには、大量に施しても悪影響が出にくく、ゆっくり効くカキ殻は、効果的な資材だといえるでしょう。

根についた根粒。この中に空気中の窒素を固定する根粒菌が共生している

カキ殻栽培の効果

カキ殻に含まれるミネラルは葉緑素やビタミンCの生成、タンパク質の合成、根粒菌を活性化させるといった働きがある。また、多孔質の構造は微生物のすみかとなり、放線菌や糸状菌などの有用菌を活性化させ、土壌の通気性や水はけを改善する効果がある。なお、石灰分の不足により、豆にしみのようなものができるしみ症の予防にもなる。

根の状態を見てみると…

普通栽培

太い主根がまっすぐ伸びている。側根も下に向かって伸び、溝施肥した元肥をしっかり吸い上げたもよう

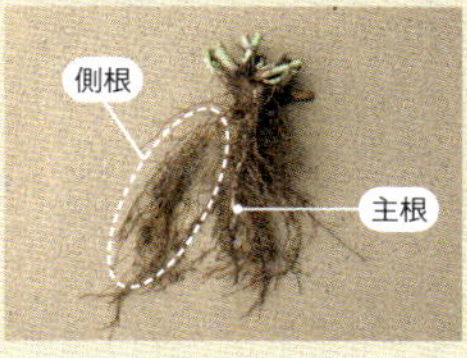

草木灰栽培

主根のまわりに根粒がたくさんついた側根が密集している。根はあまり広がっていないが、量は多い

カキ殻栽培

短い主根に大きな根粒がたくさんつき、活発に窒素固定が行われたと思われる。側根も太く発達している

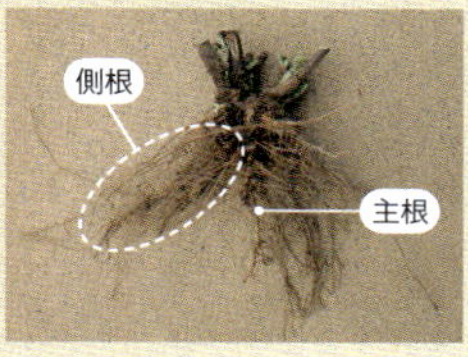

こんな面白栽培にも挑戦！

野菜に磁石を貼って育てたら!?

スイカ
収穫予定日のかなり前に登熟して裂果。磁気治療器を貼っていない果実は普通に収穫できた。

カボチャ
ほとんどの果実で磁気治療器を貼った場所の近くに円形のくぼみが出現。

磁力が植物に与える影響については日本の企業や大学をはじめ、海外でも研究が進められています。ただ、未知の部分が多く、その影響はまだ解明されていません。そこで、私もスイカ、カボチャ、ダイコンに磁気治療器を貼って育ててみました。結果は、ダイコンはやや生育がよかったものの、スイカとカボチャは果実に異常が発生。磁石栽培は現在も継続して検証中です。

曲がりキュウリの矯正法

針刺し矯正は果実がある程度大きくなってから行う。収穫3日前がもっともよい結果が出た。

大正14年創刊の農家向け家庭雑誌『家の光』の昔の読者投稿に、曲がったキュウリに切り込みを入れてまっすぐにする方法が紹介されており、それを実践。曲がった幼果に右の写真のように針を刺してそのままにしておくと、見事に曲がりが矯正されました。針を刺したところがくぼんで傷の修復が行われることで、曲がりが直ったと考えられます。それで何かメリットがあるかといえば、何もないのですが……。

ミニトマトとナスを合体

ナスの台木にミニトマトを接いだ。ナスの収量は激減。枝葉が混み合って生育にも影響が出た。

いずれも継ぎ目はしっかり融合

ミニトマトの台木にナスを接いだ。ナスは果実が大きくならなかったが、ミニトマトは普通に収穫できた。

いずれも収穫に成功したが、単体栽培には及ばず

ある植物の実のなる部分（穂木）を、同じ種類の別の植物の根になる部分（台木）につなぎ合わせた接ぎ木苗。通常は耐病性の強化や収量アップを目的に行いますが、その技術で一株２種どりを目論み、ミニトマトとナスを合体させました。接ぎ木自体は成功したものの、収量はミニトマトとナスをそれぞれ普通に栽培したほうがずっとよくとれます。試み自体は面白かったのですが……。

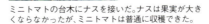

第2章 葉菜類

虫食いキャベツよさらば！

老化苗に福あり

毎年、害虫に悩まされるキャベツやブロッコリーをきれいなまま収穫できる秘策はないものか……。下葉が枯れ落ちて、見るからに弱々しい売れ残りの老化苗を見つめるうちに、1つのアイデアがひらめきました。

実験背景
実験方法

苗は老化すると、虫に食われにくくなるのでは？

困った…

虫食いだらけのキャベツをなんとかしたい

青虫（モンシロチョウの幼虫）やヨトウムシに、葉を食害される。

もしかして…

老化した余り苗は虫が食べない？

余らせて老化してしまった苗はポットの状態でも、畑に植えつけたあとも、虫に食べられなかった。

それならば…

苗をあえて老化させて植えてみる

ホームセンターの園芸コーナーに、ときどき激安の苗が並んでいます。葉が黄変していたり、徒長していたりする売れ残りの苗です。価格は健全な苗の半額から、場合によっては10分の1という安さ。

本来なら、手を出すような苗ではありませんが、しばしば質より量を優先してしまうのが、わたしの性分。通常1つ100円の苗が同じ値段で5つ手に入るなら、そのうち2つでもまともに育てばお得です。実際、これまでの経験では、こうした老化苗も畑に植えつけるとそのうち回復して、案外それなりに育ちました。

しかも、キャベツやブロッコリーの老化苗に至っては、どういうわけか、無農薬無化学肥料のわが家の畑でつねに悩まされている青虫などの被害がほとんどないのです。ずっと不思議に思っていましたが、今回はあえて老化苗を育て、虫による被害が減る要因を突きとめます。

2か月間、水のみで苗を老化させる

7月下旬に購入したキャベツ苗

品種は『金系201号』（サカタのタネ）

葉の色が薄くなる
下葉は枯れて落葉し、茎は赤く色づいてかたくなる

2か月間、水のみで生育

9月末に定植

健全な苗をポットのまま水のみを与えて老化苗に育て、9月末に定植。同時に植えつけ適期の普通苗も定植し、経過を観察する。右の区画が老化苗、左が普通苗で、畑の条件は同等

栽培経過
実験結果

老化苗は虫食いが激減！

老化苗は定植後20日～1か月で葉の色が濃くなり、健全な苗と見分けがつかないくらいに回復しました。生育は普通苗に比べると遅れていたのですが、春先、気温の上昇とともに追いつき、収穫する頃はほとんど変わらない大きさに育ちました。

虫食い被害の程度については写真のように明らかな差が現れました。

一目して普通苗のほうは葉がボロボロで、途中経過だけ見ると収穫できたのが不思議なほどです。一方で老化苗は栽培期間を通してきれいな姿を保ち、とくに生育初期においては、ほとんど害虫がつ

普通苗

老化苗

定植から

1か月め

秋の害虫ピーク時期だったこともあり、防虫ネットを掛けないと、このありさまに

元肥が効いたのか、薄かった葉の色がきれいな緑色に回復。害虫の被害はほとんどない

2か月め

青虫を見つけたら手で捕っていたが、とても間に合わない。無残なほど穴だらけ

多少の食害がみられるが、生育に悪影響があるほどではない

気温が下がり害虫被害は収まったが、秋の食害により弱った外葉は、寒さでほとんど消滅

食害との因果関係はわからないが、普通苗のほうには、腐りが入った株もあった

5か月め

冬の寒さと食害のため外葉が傷んでいるが、球は食害を免れてきれいにできている

外葉の食害が少なかっただけでなく、しっかり結球し、老化に伴う影響はみられなかった

きませんでした。

最終的に可食部の重量と糖度を比べても大きな差はありませんでしたが、キャベツは球に虫食いが少なかった老化苗のほうが良品といえます。

ブロッコリーでも防虫効果を発揮

普通苗

定植から 1か月め

老化苗

ブロッコリーについても実験。キャベツと同様に普通苗は食害がひどかったが老化苗はほとんど食害がない。ただ普通苗はその後回復し、収量はほとんど変わらなかった

考察

老化苗栽培は、じつはプロの技術だった

俗に「青虫」と呼ばれるモンシロチョウの幼虫が、キャベツの最大の敵。成虫に卵を産みつけさせないことが有効策（写真提供／新井眞一）

成虫は葉の色で植物を見分けて卵を産みつける
葉の色が薄いので、見つかりにくい
葉のワックス層が厚く、餌として適さない
普通苗
老化苗に比べて活着が早いため初期生育は早いが、害虫も寄ってくる
老化苗
代謝が低下しているため、産卵を促す辛み成分の揮発量は¼程度になる

じつは、老化苗はよく似た栽培法が農業試験場などで研究され、実用化されています。セルトレーで40〜60日育苗してから植えるというもので（通常20〜30日）、「スーパーセル苗」と呼ばれています。乾燥や立枯病に強くなり、虫害軽減の仕組みも明らかになっています。

その理由は、①葉色が薄くなるのでモンシロチョウの成虫に見つかりにくい。②モンシロチョウの産卵を誘発する辛み成分の揮発量が減少する。③葉の表面の、水をはじくワックス層が厚くなり、餌として適さない。

これらの特性は、定植後2〜3週間で失われますが、虫害のピークを乗りきれるので、無農薬栽培では大きなメリットです。老化苗は自分でつくることもできますが、ホームセンターなどで売れ残りを見つけたときは迷わず〝買い〟ですよ！

とろけるほど甘い

塩ネギ栽培

千葉県東部で栽培されているブランドネギ「九十九里 海っ子ねぎ」は、なんと海水を散布することで、うまみを引き出すという驚きの手法で作られています。その味、はたして家庭菜園でも再現できるのか⁉

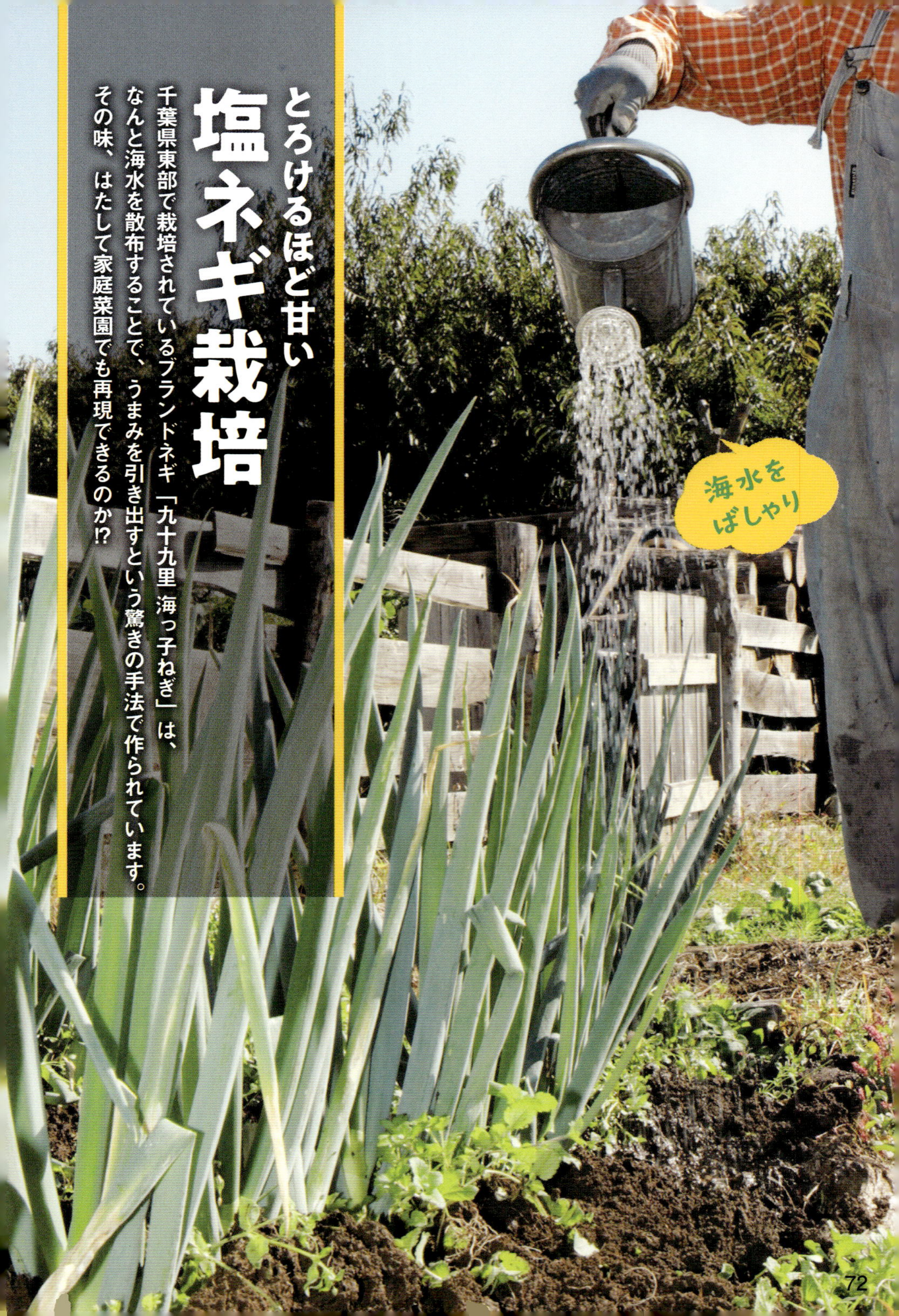

実験背景

海水を含んだ潮風が甘いネギを育んだ

海水を定期的に散布する

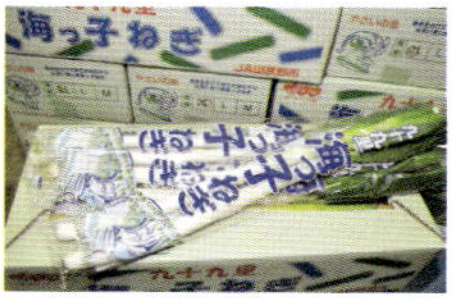

（上）希釈した海水を散布して栽培される「九十九里 海っ子ねぎ」。販売期間は11月中旬〜4月中旬。地元の農作物販売店「山武緑の風」をはじめ、千葉県内や東京都内で扱われている（写真提供：JA山武郡市）
（下）ネギに散布するための海水をくむ。農作物への海水の利用は、江戸時代に刊行された『農業全書』にも記されている

多くの植物にとって塩は大敵です。台風による越波《えっぱ》や地震による津波で海水をかぶった海岸部の農地では、塩分により作物が生育障害を起こすのを防ぐために除塩が行われることもあります。

千葉県東部の山武《さんむ》市は、かつてそんな塩害に見舞われました。2002年10月、関東地方を縦断した台風21号により、大量の海水を含んだ潮風が一帯の農地に吹きつけ、農作物はもとより街路樹や雑草までもが枯れてしまったのです。

しかし、その中でさほど被害を受けなかった作物がネギです。しかも、その後に収穫して食べてみると、それまで栽培をしていたネギよりずっと甘くて、おいしかったというのです。

この出来事をきっかけに、JA山武郡市と山武農林振興センター（現・山武農業事務所）では、海水を利用したネギの栽培について調査研究を重ねました。そして、2006年に商品化したのが「九十九里 海っ子ねぎ」です。海水をかけて生育を促進することに成功し、やわらかくてとろけるような甘みがあるネギができたのです。

その味、はたして家庭菜園でも再現できるのでしょうか。

実験方法
栽培経過

海水希釈液と天日塩を直接散布

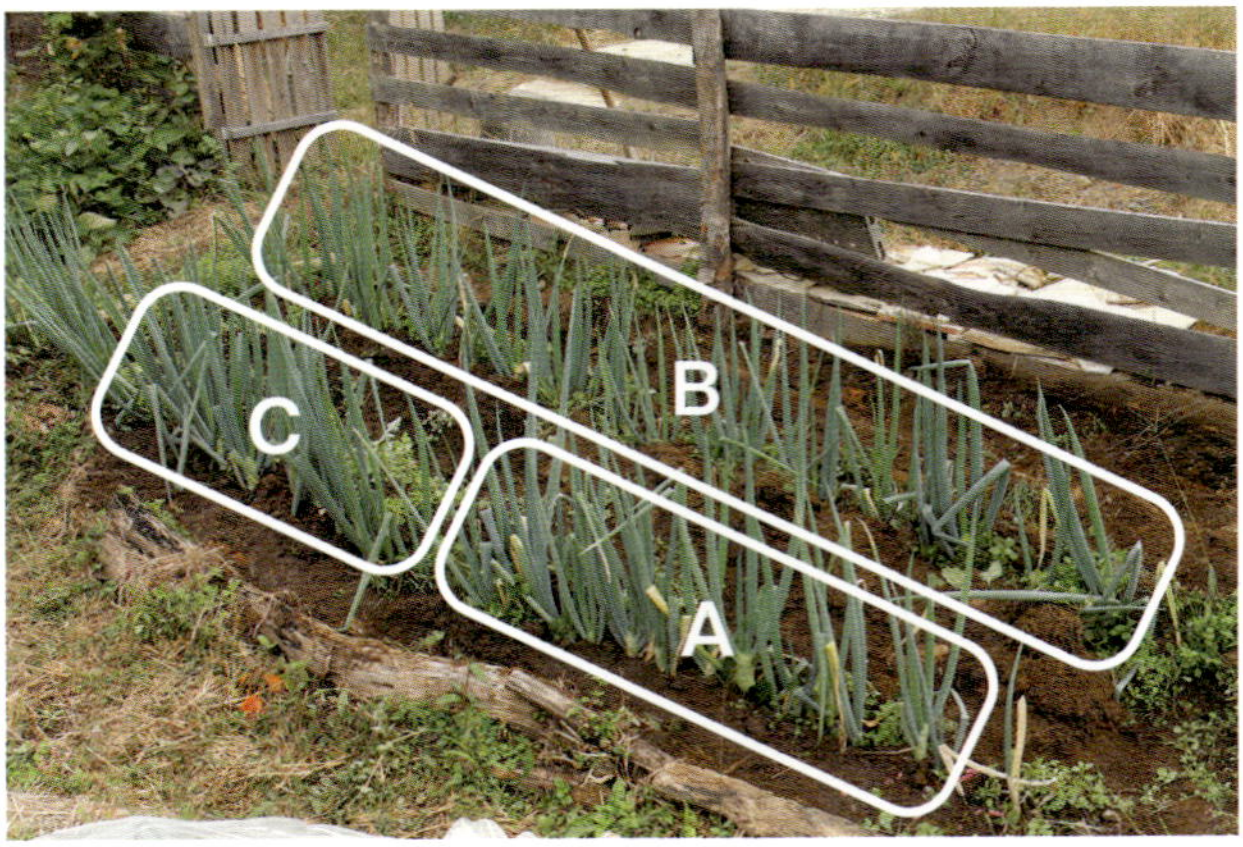

A 海水散布エリア
幅30㎝、長さ2mの畝。海水は、ほかのエリアに影響がないよう、畝の写真手前側から散布した。

散布方法
初回の散布は、ネギがある程度生育した9月下旬。その後は2週間〜20日おきに計5回散布。散布量は1回約15ℓ。

B 普通栽培エリア
幅30㎝、長さ3mの畝。海水散布・塩散布エリアとの畝間は約1m。

C 塩散布エリア
幅30㎝、長さ1mの畝。

散布方法
散布は、1回のみ。10月中旬にネギの株元に1kgを散布し、その後、水をまいて土壌への浸透を図った。

Cのエリアでは塩を散布したあと、すぐに水をやり、土壌への浸透を図る

「九十九里 海っ子ねぎ」は、7〜8月に植えつけが行われ、11月中旬〜翌年4月中旬に出荷されます。海水の散布は、生育中期〜後期に10〜15日おきに5回以上。水質検査をした海水を10倍程度に薄め、1回につき10a当たり150ℓ（1㎡当たり150㎖）以上、葉に散布するそうです。

今回の実験では、この栽培法を念頭に置きつつも、普通栽培と明確な差が出ることを期待し、10倍ではなく、5倍に希釈した海水を大量に散布しました。また、普通栽培と海水散布に加えて、塩の直接散布も行いました。

上の写真は、9月中旬の散布前の実験エリアの様子です。ネギの生育はどのエリアもほぼ同じ。この時点で大きな差はありません。植えつけは7月下旬。9月上旬に1度土寄せを行っています。なお、土ができているので、元肥や追肥は特に施していません。

海水散布エリアの生育が突出！

11月上旬

12月上旬

A 海水散布エリア

海水散布は、この日までに9月下旬、10月中旬、11月上旬の計3回。3エリアのなかで、いちばん生育がよい

3つのエリアのなかで比較すると生育がいちばんよい。葉が上に向かってピンと立ち上がり、全体的に太い

B 普通栽培エリア

生育はいたって順調だが、海水散布エリアのネギに比べると、葉の長さはやや短く、数も少なめ

順調に生育し、葉折れもほとんどない。海水散布エリアより育ちは劣るが、比較的よくできている

C 塩散布エリア

枯れている葉がめだつ。ただ、完全に枯れているわけではなく、緑の葉もあるので、回復が期待できそう

新たに葉が伸びて勢いを取り戻したが、全体的に株は細い。3つのエリアのなかでは、いちばん小ぶり

11月上旬　植えつけから約3か月後。この日までに2回の土寄せを行いました。

3エリアとも土寄せを行った時期は同じですが、その後の経過を観察すると、葉の分岐部に生育の差がみられます。もっともよく育っているのは海水散布エリアで、普通栽培も太めの株が多くみられました。一方で塩散布エリアのネギは、塩害の影響か、葉が黄色く枯れています。

12月上旬　11月中旬にさらに1度土寄せを行い、11月中旬と下旬に海水を散布しました。この時期は、海水散布エリアが突出してよく育っていました。

また、前回、生育が著しく悪かった塩散布エリアのネギは、その後、新たな葉が次々と伸びて草勢は回復しましたが、海水散布や普通栽培に比べると株の大きさではやや見劣りします。

実験結果

生育と糖度に明確な差が！

塩散布エリアのネギ。塩の施用から間もなく、大部分の葉が枯れてしまった。その後、回復したが、葉先にはダメージが残る株も多い

海水散布エリア（上）では、雑草抑制効果もみられた。普通栽培（下）に比べて雑草がほとんど生えていない。一般的な植物は塩分に耐えられないので、海水や塩を散布するさいは、野菜の種類や塩分濃度に、十分な注意が必要だ

1月上旬、すべてのネギを掘り上げて、生育と糖度を比較しました。海水散布エリアのネギは、9月下旬以降、計5回の海水を散布。塩散布エリアには10月中旬に1kgの塩をまいています。なお、いずれも土寄せは3回です。

左の写真は、それぞれのネギの平均的な株ですが、違いは明確です。普通栽培の生育および糖度を基準とすれば、海水散布エリアのネギは明らかに育ちがよく、また糖度が高くなっています。とくに、ピンと伸びた葉と発達した根に生育の差が出ています。

塩散布エリアのネギは、大量に施用した塩の影響か、一時的に生育が阻害されたため、普通栽培に比べて貧弱な株となりました。しかし、糖度は海水散布エリアのネギに匹敵するもので、とても甘くなりました。

糖度**10.9**度

C 塩散布エリア

糖度は高いものの、細く短いネギになった。断面を見ると、筋張っている部分があるなど、塩分濃度が高かったためか、生育が阻害されていることがわかる

糖度**7.2**度

B 普通栽培エリア

よく育ってはいるが、葉鞘部の太さや長さは、海水散布のネギよりも劣る。糖度は、海水散布や塩散布のネギと比べると低い

マンゴーレベルの

糖度**12.1**度

A 海水散布エリア

普通栽培よりも葉鞘部が太く、長い。葉はピンと直立して、生育がよい。根もよく発達している。断面を見ると、葉に厚みがあるのがわかる

豊富なミネラルと塩のストレス効果が効いた！

「九十九里 海っ子ねぎ」を参考にした今回の実験。塩の直接散布は、塩分濃度が高すぎたためか、生育に一時障害が出てしまいましたが、海水散布はみごとに成功しました。

では、なぜ海水を散布したネギは生育が促進され、糖度が高くなったのでしょうか。

一・豊富なミネラルが効果的に働いた

海水には、下の表に示すように、さまざまなミネラルが含まれています。もっとも多く含まれている塩化ナトリウムは、一般的に植物には不必要で、むしろ害になる成分です。その害はおもに2つあります。1つは、ほとんどの植物にとって必須ではない塩化ナトリウムが植物体内に入ってしまうこと。もう1つは植物細胞の外の塩分濃度が上昇することで植物の吸水を阻害してしまうことです。

ただし、耐塩性は植物によって異なり、イチゴやニンジン、インゲンなどは耐塩性が低く、キャベツやトマト、ネギなどは耐塩性が高い作物として知られています。その点で、今回の海水散布はネギの耐塩性の許容範囲だったのでしょう。

耐塩性が高いネギに、塩害が発生しない程度の海水を散布した場合、塩化ナトリウム以外の海水中の物質は、その多くが植物の生育に有用です。つまり、生育が促進し、食味が向上したのは、海水中の多様なミネラルが肥料分として効果的に働いたためだと考えられます。

海水成分の一例

水	96.6%		
塩分	3.4%	塩化ナトリウム	77.9%
		塩化マグネシウム	9.6%
		硫酸マグネシウム	6.1%
		硫酸カルシウム	4.0%
		塩化カリウム	2.1%
		その他	0.3%

※塩分中には、多量のミネラルが含まれている

マグネシウムやカルシウム、カリウムは植物の生育に必須の要素。適切に施用すれば海水は天然のミネラル資源になる

二・塩のストレス効果

さらに、海水および塩散布ネギの糖度の高さについては、塩のストレス効果がその一因になっていると思われます。海水や塩を散布したことで土壌の塩分濃度が上昇して、根の水分吸収が阻害されます。すると、そのストレスにより、ネギは抗酸化機能や浸透圧調整機能などの防御機能を作動させ、それに伴って細胞内の糖やアミノ酸、カリウムイオンなどの抗酸化物質や浸透圧調整物質の濃度が高まって、甘みが増したのではないかと考えられるのです。

三・光合成が促進された

さらに、近年の研究では、植物が光合成をするさいに、塩素が触媒としての機能を持つなど、重要な働きをすることがわかってきています。海水には、多量に塩素が含まれているために、それを散布することで、光合成が促進されて、生育がよくなったのでしょう。

海水は、昔から野菜づくりに利用されてきた、身近な資材です。今回の実験からもわかるように、塩害に十分注意しつつ、適度に施用すれば、海水や塩はおいしい野菜を育てられる有用な資材となりえるのではないでしょうか。

熱を加えることでとろみが出て、さらに甘みが向上した。ちなみにやわらかさでは細身の塩散布が1番だった

掘り上げた海水散布エリアのネギ。株元から葉の先端までの長さは優に1mを超えている

足跡こそ最高の活力剤

タマネギの踏みつけ栽培

大正14年創刊の農家向け家庭雑誌に載った90年前の投書に元手ゼロで野菜の生育を促す秘策がありました。〝温故知新〟の言葉どおり、昭和農家の知恵を畑で実証してみました。

実験背景

昭和農家の栽培ワザがよみがえる

玉葱《たまねぎ》の増收法《ぞうしうはふ》

玉葱《たまねぎ》は案外容易《あんぐわいたやす》く栽培《さいばい》されるものですが、一度失敗《しつぱい》するとサジを投《な》げてやらない人《ひと》が多《おほ》いやうです。

玉葱《たまねぎ》は、苗床《なへどこ》から本田《ほんでん》へ移植《いしよく》してから約《やく》二ケ月《げつ》も經《た》つと、莖《くき》の間《あひだ》をよくもんで輕《かる》く捩《ねぢ》り折《を》るのです。それから收穫《しうくわく》前《ぜん》二十日《か》位《くらゐ》にもう一回《くわい》それをくり返《かへ》します。倘《なほ》二回《くわい》だけでなく、中《なか》で今《いま》一回《くわい》多《おほ》くこれを行《おこな》ひ、都合《つがふ》三回《くわい》行《おこな》ふと一層《そう》効果《かうくわ》があるやうです。

勿論《もちろん》、莖《くき》を折《を》るといつても、ポツキリと折《を》ると中絶《ちうぜつ》しますから、輕《かる》く捩《ねぢ》るやうに折《を》ることが肝心《かんじん》です。さうすれば、莖《くき》や葉《は》に行《ゆ》く養分《やうぶん》が根《ね》に行《い》つて、玉《たま》を大《おほ》きくするのです。増收確實《ぞうしうかくじつ》です。

（廣島　最光のぼる）

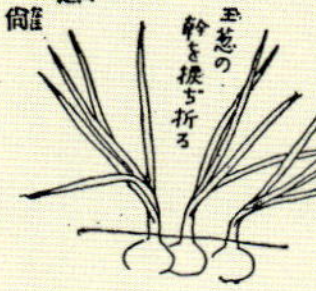

タマネギの増収法（要約）

タマネギの苗を移植して約2か月後に、茎（葉）の間をよくもんで軽くねじり折る。また、収穫の約20日前になったら、同様に折る。途中でもう1回折って、合計3回折るとさらに効果がある。

茎を折ることで茎や葉に行く養分が根に行き、玉を大きくするので増収確実である。

茎や葉の刺激による根菜類の増収（要約）

ニンジンやゴボウの長いものを収穫するには、茎葉に刺激を与えることが有効である。

収穫間近に2、3回、草履で踏みつける。茎や葉が折れるが、かまわず行うと、大きく長い秀品が収穫できる。

莖《くき》や葉《は》の刺戟《しげき》による根菜《こんさい》類《るゐ》の増收《ぞうしう》

人參《にんじん》や牛蒡《ごばう》の根《ね》の長《なが》いものを收《しう》穫しようと思《おも》へば、畑《はたけ》を深耕《しんかう》することは勿論《もちろん》ですが、又莖葉《またくきは》に刺戟《しげき》を與《あた》へることも非常《ひじやう》に有效《いうかう》なことであります。

即《すなは》ち收穫期《しうくわくき》が近付《ちかづ》くに從《したが》つて二三回《くわい》、草履《ざうり》を穿《は》いて上《うへ》から踏《ふ》みつけます。この時莖《ときくき》や葉《は》がボリ〳〵折《を》れますがかまはないでやりますと、大《おほ》きい長《なが》い、美事《みごと》なものが採《と》れるやうになります。（鹿兒島縣肝付郡東串良村　廣川軍吉）

『家の光』昭和6年8月号、昭和5年11月号より。今回の実験の元になった2つの投稿

上の資料は昭和初期の『家の光』（大正14年創刊の農家向け家庭雑誌）に載っていた読者投稿です。「タマネギの茎（葉）を軽くねじり折ると、玉が大きくなる」、「ニンジンやゴボウの茎や葉を踏みつけると、根の肥大が促進される」というもの。

そもそも野に生える草花にとって、生育の過程で人間や動物など、他の生き物に踏まれるのは想定内のはず。むしろ踏まれることで、生育を促す機能にスイッチが入るとしても不思議ではありません。

野菜も、もとは野の草です。人が手をかけて過保護に育てられていますが、もしかしたら踏まれたいと思っているかもしれません。野菜は多少の刺激やストレスを与えたほうが、健康的に育ち、うまみが増すという話もあります。そうとなれば、遠慮なく踏んでやりましょう。昭和農家のスパルタ技を実践してみました。

実験方法

生育中期と後期の2回、株を踏みつける

踏みつけ1回め **定植後3か月**
株に与える影響（予想）

折ることで、新しい葉の伸びが促進され、生育がよくなる。葉でつくられた養分が下へ転流しにくくなり、発根が促される

踏みつけ2回め **収穫1か月前**
株に与える影響（予想）

玉が肥大する時期なので、根から吸収された養分が葉に行かず、玉に集中するようになる

タマネギの踏みつけ栽培は、投稿にあった「タマネギの葉のねじり折り」と「ニンジンやゴボウの踏みつけ」を合わせた技です。要は、ねじり折りを踏みつけで行うのです。実験に使用するのは、白タマネギの『O・P黄』（タキイ種苗）と赤タマネギの『湘南レッド』（サカタのタネ）の2品種。投稿では、タマネギを植えつけてから約2か月後と、収穫の20日ほど前に、茎（葉）の間をもんで軽くねじり折るとあります。時期は基本的にこれにならいます。ただし、生育状況を鑑みて行います。

生育の半ばにタマネギの葉をねじり折ると、葉でつくられた養分は下へ転流しにくくなり、その結果、新しい葉が伸び、発根も促されると予想されます。また、収穫前のねじり折りでは、逆に根から吸い上げた養分が葉に移動せず玉に集中するため、肥大が進むのでは。踏みつけ前後の経過を観察します。

栽培経過

踏みつけられても、株に弱った気配はない

2月下旬

踏みつけ1回め

前年11月下旬に定植後、草丈15cmほどに生長した株をわらじで踏みつけて、葉のつけ根部分を軽く折った

4月上旬

1回めの踏みつけから約1か月後。ひもを境に右側が踏みつけた株、左側が普通栽培。踏みつけた株は元どおり立ち上がり、一見して普通栽培と差はない

苗の定植は、11月下旬に行いました。畑には定植前に元肥として堆肥を1㎡当たりスコップ1杯程度施し、畝幅は90cm、高さ約5cmで、黒マルチを張りました。株間は15cmです。

元の投稿に従えば、1回めの踏みつけは1月下旬なのですが、株がまだ弱々しかったため、この時期に一度、ぼかし肥を追肥し、2月下旬に最初の踏みつけを行いました。

踏みつけた株は、横倒しになって地面に押しつけられますが、2、3日すると自然に起き上がってきます。

3月上旬に2回めの追肥をし、これが止め肥。以降は収穫まで肥料を施しません。

4月上旬の様子をみると、踏みつけた株は何事もなかったかのように元気に育っています。この時点で普通栽培との差は、目で見てわかるほどはありません。

5月上旬

普通栽培

踏みつけ栽培

2回めの踏みつけ直前の様子。比べると、わずかだが、踏みつけ栽培のほうが、葉が太くしっかり育っている。葉の色も濃い

踏みつけ2回め

葉が横倒しになっているが、完全に折れているわけではない。1回めと同様に、2、3日もすると立ち上がり始める。地表に玉の頭が出ていた株も、ギュッと踏み込んで埋めてしまう

発案者である昭和初期の農家に敬意を払い、踏みつけはわらじを履いて行った。長靴や地下足袋などのかたいゴム底と違い、足の裏にタマネギの感触を感じられるので、力を加減しやすい

6月上旬

収穫直前の様子。2回めの踏みつけから約1か月後の6月上旬。普通栽培、踏みつけ栽培ともに地上部が倒伏し、収穫適期

2回めの踏みつけは、投稿にある「収穫20日ほど前」よりもやや早めの収穫1か月前、5月上旬に行いました。株はかなり大きく育っていて、まさに玉が肥大をしている時期です。ここで葉を折って、根から吸い上げる養分を玉に集中させます。

実験結果

意外！踏みつけの効果は大きさよりも品質に現れた

踏みつけ栽培の湘南レッドは、当時3歳の娘が生で食べられるほどの甘さだ

5月上旬に踏みつけたタマネギは、1回めの踏みつけ同様、2、3日後には起き上がってきましたが、葉のつけ根に折れた痕が痛々しく残った株も多く出ました。普通栽培のようにピンと葉が立つほどではありません。

収穫は普通栽培、踏みつけ栽培とも、8割ほどの葉が倒伏したのを見計らって、6月上旬に行いました。掘り上げてみると、踏みつけ栽培は扁平の株が多く出ましたが、これはある程度予想していたことです。踏みつけにより、玉に圧力がかかったのでしょう。

大きさは、一見して違いがわかるほどではありませんでしたが、それぞれ選抜した20個の重さを量ると、両品種ともに、踏みつけ栽培のほうが普通栽培に比べて平均重量でやや下回る結果になりました。ただ、差はいずれも20～30gとそれほど大きなものではありません。

また、生で食べて味を比べてみると、主観ではありますが、踏みつけ栽培のほうが若干甘く感じられました。そこで、実際に、生食用で甘さが重要な湘南レッドの糖度を測ると、普通栽培6.2度にたいし、踏みつけ栽培は8.5度と大きな差が出たのです。

残念ながら期待した増収（肥大）にはつながりませんでしたが、糖度の向上や、圧力が加わることによる身の締まりなど、踏みつけによる影響はなにかしら出ているようです。湘南レッドの断面に、赤紫の部分が多く見られたのも気になるところです。

O・P黄

普通栽培

野球ボールサイズの球形。頭の部分に空洞が多く、締まりがない

踏みつけ栽培

肩が横に張り出した扁平形。頭の部分に空洞がなく、キュッと締まっている

湘南レッド

普通栽培

扁平形で首が太いのは湘南レッドの特徴だが、O・P黄同様に頭の部分には空洞が多く、締まりがない

踏みつけ栽培

とてもバランスのいい扁平形で、頭もキュッと締まっている。中の鱗茎に赤紫の部分が多い

考察

踏みつけ効果は実証されたが、未知の可能性も

玉の平均重量では普通栽培が上回った

	普通栽培	踏みつけ栽培
O・P黄	237g	205g
湘南レッド	254g	227g

※いずれも選抜した20個の平均重量

身の締まりと食味は踏みつけ栽培に軍配

	普通栽培	踏みつけ栽培
湘南レッドの糖度	6.2度	8.5度

実験で明らかになったのは次の3つです。

一、増収につながらなかった

踏みつけが甘かったのではないか。投稿にあるように、軽くねじるのが重要だったかもしれません。ねじりで養分の流れを変え、必要な所にとどまるようにしなくてはいけなかったのではないかと思われます。

二、締まった玉ができた

踏みつけたタマネギは、頭の部分がキュッと締まっています。手で持ってみると全体がしっかりとかたい。よく締まったタマネギは甘みが強く、貯蔵性に優れます。もともと貯蔵性が高くない湘南レッドは、夏になると保存していたものがいくつか腐ってしまったのですが、すべて普通栽培のものでした。この結果は、身の締まった、甘くて保存性の高いタマネギを作るのに、踏みつけ栽培が効果的なことを示しています。

三、赤紫の部分が増えた

踏みつけた湘南レッドは、鱗片に赤紫の部分が多く見られました。これはアントシアニンという色素が増加していることを示しています。外的ストレスを受けたときに植物が分泌する物質で、ポリフェノールの一種です。踏圧ストレスが赤タマネギのアントシアニンを増加させたのでしょう。

アントシアニンは、活性酸素の働きを抑制し、がんや動脈硬化、高血圧などを予防する効果があるといわれています。

増収こそかないませんでしたが、踏みつけの効果はそれだけではないこともわかりました。もう遠慮はいりません。今年は思いきりタマネギを踏みつけてください。

畑の底にミネラル注入

ホウレンソウを育む石灰床

酸度調整が難しいとされるホウレンソウの栽培を成功させるため、荒技を繰り出しました。畑の中に、〝待ち伏せ〟のように石灰の層を仕込んでおくのです。遅まきのニンジンにも、試してみました。

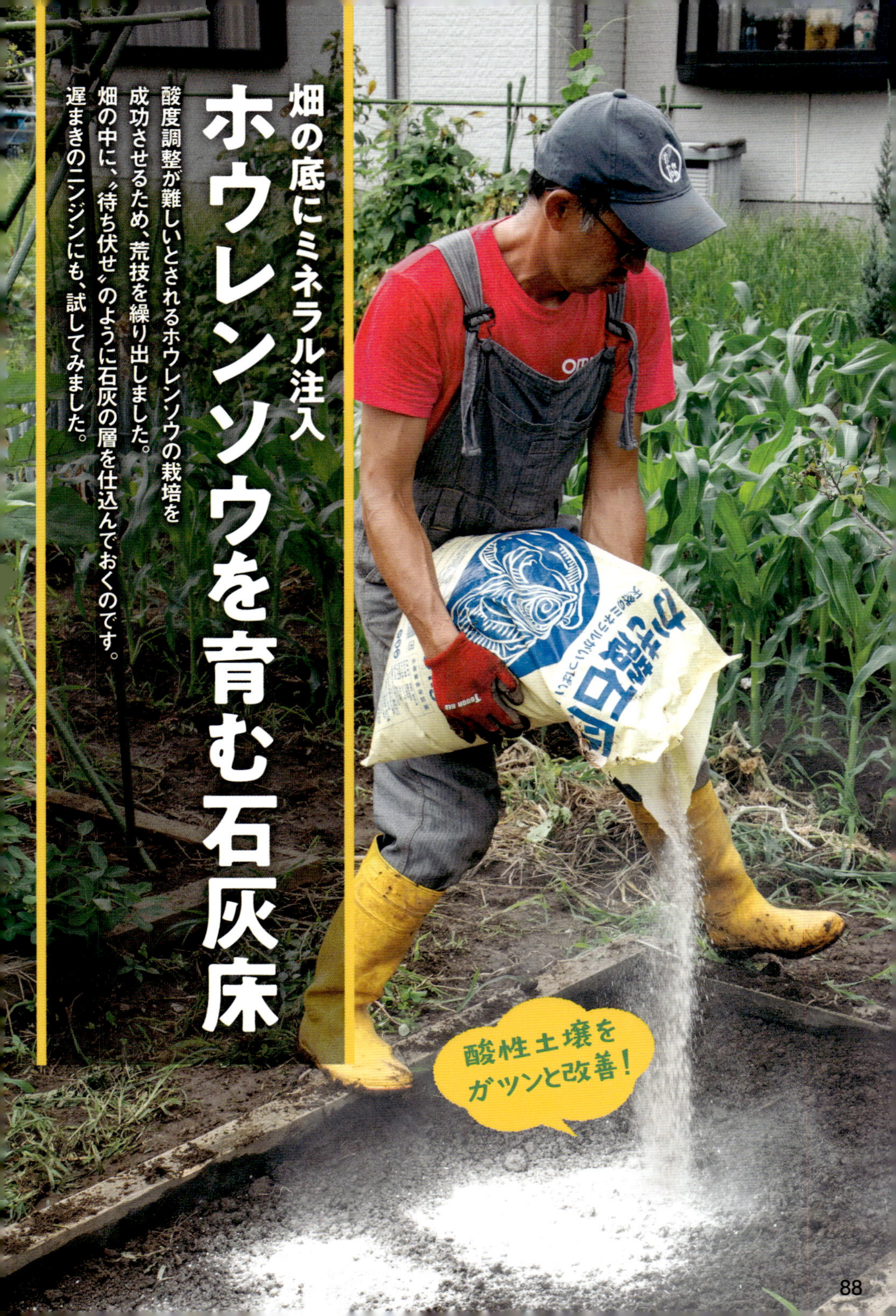

実験背景

畑にホウレンソウの〝ふるさと〟を再現したい

家庭菜園は小さな畑で多くの野菜を育てます。そのため土壌の性質によって、毎年よくできる野菜がある一方で、いつも成績がふるわない野菜もあります。わが家の畑は粘土質のため、サトイモやショウガはよく育つのですが、砂質土に向くサツマイモやスイカは高畝にするなどの工夫をしないと収量が上がりません。

ホウレンソウも失敗の多い野菜です。過湿に弱く、やや乾いた土壌を好むためでしょう。それは原産地からもわかります。そもそもホウレンソウを漢字で書く

まずは砂床で実験してみたが失敗！

袋を寝かせて、カッターで表面に直径2cm程度の穴をあける。袋の裏側には、排水用の穴を複数あけておいた

まき穴に元肥としてボカシ肥ひとつかみを入れたうえで、ホウレンソウの種を直接まいた

発芽率は3割程度と悪い。発芽したものも、写真のように弱々しく黄化し、収穫に至る前に枯れてしまった

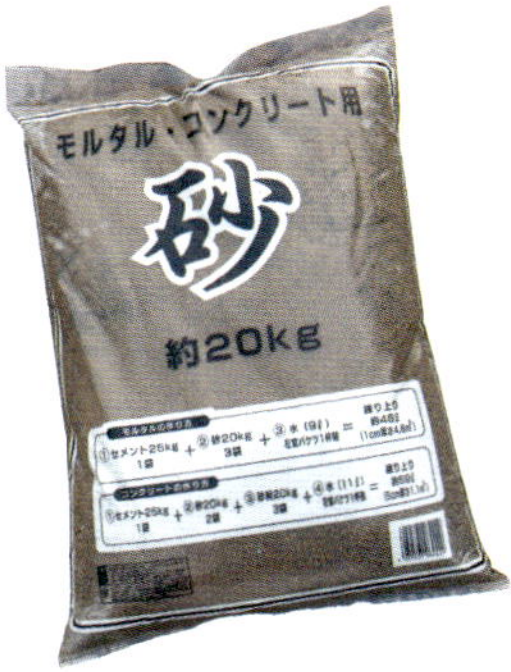

ホームセンターの建築資材コーナーなどに並んでいる砂を使用

イラン東部の砂漠地帯。視界には砂の大地と空しかない。ホウレンソウの原種はこんなところで育っているのだろうか

と菠薐草。菠薐とはペルシアのこと。現在のイランです。

わたしは20年ほど前にイランを訪れたことがあります。東部には灰色の砂漠が広がっていて、日ざしが強いにもかかわらず、風が冷たくてとても乾燥していた記憶があります。砂漠といっても荒涼とした砂だけの土地ばかりではなく、場所によっては短い草木がポツポツ生えていて、もしかしたらその中にホウレンソウの原種があったかもしれません。

原産地の環境は野菜づくりのヒントになります。これまでもトマトの原産地であるアンデス山脈の環境を再現することを試みた「トマトのアンデス栽培」(20ページ)やアフリカの砂漠を模した「スイカの塩ビ管栽培」(28ページ)など、いろいろな挑戦をしてきました。ホウレンソウでも試してみる価値はあります。

最初に用意したのは土木用の砂。これでミニ砂漠をつくろうというわけです。砂袋をプランターに見立て、89ページのように栽培を試みたのですが、結果は惨敗。

理由は水不足と肥料不足。小さなまき穴だけでは雨水がしみこまず、砂自体には肥料分がほとんどないので、元肥だけでは地力が足りなかったのです。加えて土壌酸度が適当ではありませんでした。

この失敗を経て、改めた方法が砂と石灰と土の三層土壌による石灰床です。次のページでその全貌を明らかにしましょう。

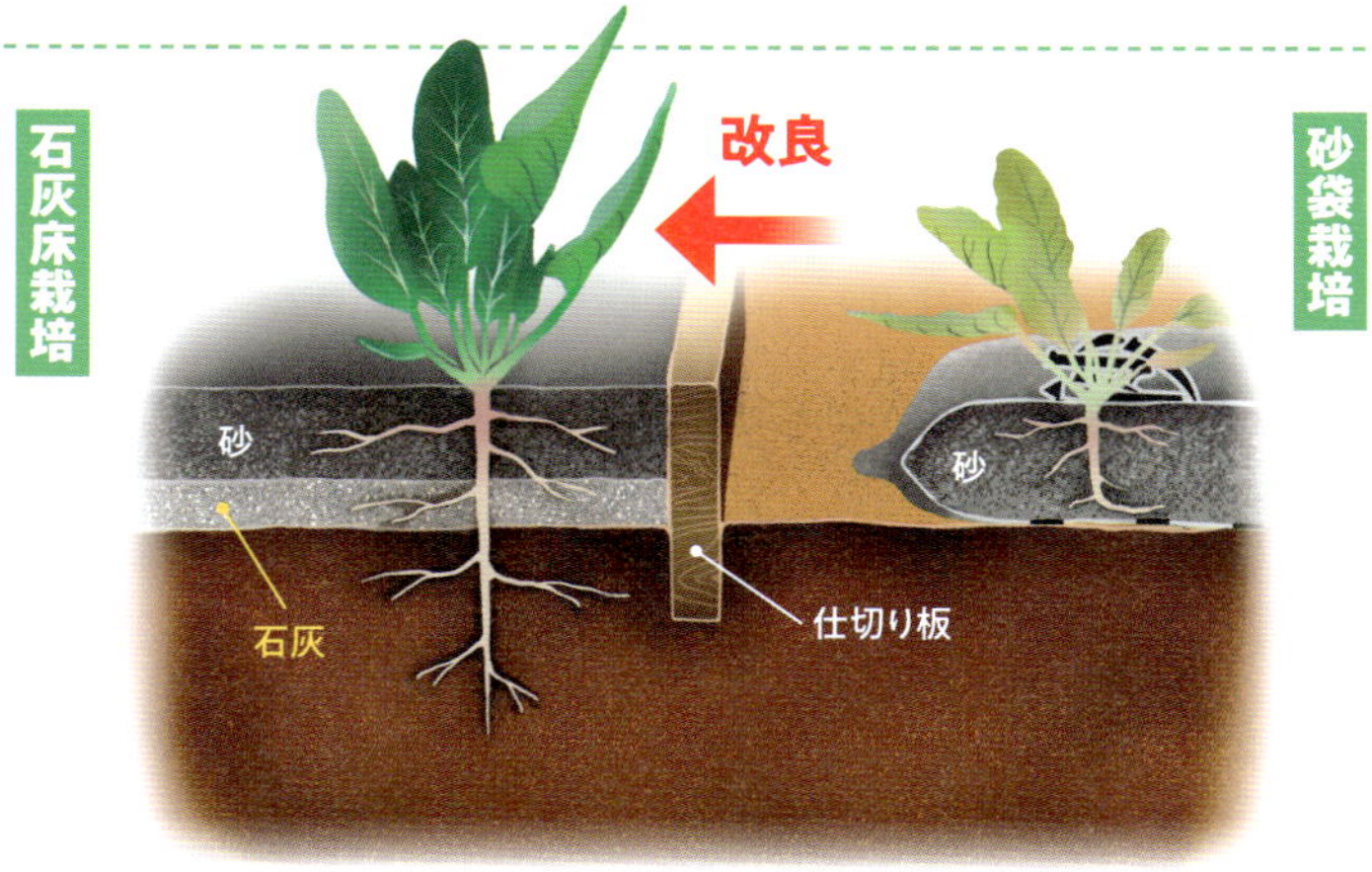

実験方法

砂とカキ殻石灰と土、三層構造の畑をつくる

石灰床栽培では、砂や石灰の流亡を抑えるために、高さ約５㎝の木枠で囲った１ｍ×２ｍの栽培区域をつくりました。

まず、もともとの土壌に牛ふん堆肥と元肥（ボカシ肥）を施してよく耕したら、次に土壌酸度計を挿して現状のpHを測定してみました。ホウレンソウは野菜の中でもとくにアルカリ寄りの土を好み、好適酸度はpH6.5～7.0。ところがpH5.2と、かなり酸性に傾いていたのです。

一般的にpHを１上げるには、苦土石灰であれば深さ10㎝で１㎡当たり石灰150ｇが必要といわれています。栽培区域は２㎡なので、酸度を２上げる場合、600ｇ施せばいいはずです。わたしは効き目が穏やかなカキ殻石灰を使っているので、思い切って４～５倍を施用しました。

石灰は土壌に鋤き込まず、平らにならすだけとします。最後に石灰の上から枠がいっぱいになるまで砂を入れたら完成。地表では原産地に近い砂質土壌を再現し、根の伸長に合わせて石灰や肥料分を段階的に効かせていくという算段です。

発芽しにくいといわれるホウレンソウの種ですが、砂は排水性がよい一方で多少の保水性もあるので、乾燥による発芽不良を防げたのか、１週間前後でいっせいに発芽しました。葉もしっかりしていて色つやもよく、例年の普通栽培に比べても順調です。

第２章 葉菜類

表面は砂で水はけよく、底には
ミネラル豊富なカキ殻が待ち受ける

栽培エリアに2～3kg／㎡のカキ殻石灰を入れ、レーキの背でよくならす

石灰の上から砂を60～70kg／㎡入れる

レーキの背を使い、表面を水平にならす

厚さ1㎝程度の板を使い、まき溝をつくる。条間は10㎝

種を1～2㎝間隔で条まきする

本葉5～6枚に生育した。このあと、株間5～6㎝に間引く

実験結果
考察

原産地に近い環境が、肉厚の葉を育んだ

わが家の平均的なホウレンソウを上回る立派な草姿。このあと同じ場所で連続して早春まきも試したが、それも成功した

写真右／石灰床をつくる前に畑のpHを測定。5.2とかなり酸性寄りだったことがわかる。左／石灰層の存在は根の伸長の妨げにはならなかった

その後もホウレンソウはすくすくと生長。つやのある肉厚の葉に育ちました。並行して普通栽培も行いましたが、こちらは初期段階で葉の黄化が始まり、生長がストップ。栽培前に規定量の石灰は施したものの、土壌酸度は深さ5㎝でpH6程度を示すにとどまりました。

一方で石灰床は、深さ3㎝の砂の層でpH7、石灰層（5㎝）でpH6.8、下の土壌（10㎝）でpH6.5と、ホウレンソウには理想的な値となっていました。過剰と思われるほどの石灰を施して、ようやく求める値を得られたのです。石灰層より地表に近いほうの値が高くなったのは意外でしたが、結果的にはそれが初期生育を促進させたのかもしれません。

また、もともと水はけが悪い土壌に大量の砂を敷いたことで、通気性と排水性の改善にも成功。石灰層を通過した根は

遅まきのニンジンも
石灰床で大成功

９月上旬まきでニンジンも栽培したが、結果は大成功。心配された発芽も良好で、砂の意外な保水性がここでも発揮された。ニンジンの原産地はイランの隣のアフガニスタンといわれているので、環境が近いのが幸いしたのかもしれない。石灰床を、他の作物にも応用できるのは「ソラマメのカキ殻栽培」(56ページ)でも実証済みだ。

土壌に施した肥料分をしっかり吸収して、後半の伸びにつながりました。石灰は土壌の質によっても効き方が変わります。粘土や腐食が多いほどpHが変化しにくくなるのです。その点、今回使用した大量の砂には、それらは含まれていません。このこともpHのスムーズな変化を促したのではないでしょうか。石灰は過剰に投入すると土をかたくし、pHを上昇させて生理障害を招くなどの懸念もありますが、一方で作物には欠かせない肥料分。抵抗力を高めて根の生長を促進する働きもあります。

　これまでの経験と今回の実験で改めて実感したのは、カキ殻石灰ならば、たっぷり施用しても作物には悪影響が少ないということ。まずは試しに、畑の一部に石灰床をつくってみませんか？　いままで成績がふるわなかった野菜がよく育つ〝再生畑〟ができるかもしれません。

第3章

根菜類

1個の種イモからどんどん株を増やす

ジャガイモの芽挿し栽培

種イモをふつうに植えるのではなく、芽を伸ばしてから1本ずつ移植する「芽挿し栽培」に挑戦。

株数を増やして増収をねらう。

はたして、収量は普通栽培を上回るのか?

実験背景

種イモを効率的に使う方法を求めて

ジャガイモは、養分の貯蔵器官である塊茎（イモ）から出た芽から「ストロン」と呼ばれる地下茎が伸び、その一部にまた新たなイモができる栄養繁殖によって増えます。繁殖には、30～50g程度のイモの養分があれば十分なので、一般的に大きな種イモは2～4個に切り分けて植えつけます。種イモからは、通常5～10本程度の芽が出ますが、それを放置しておくと、芽の生長に多くの養分が使われ、新たにできるイモが小さくなりがちです。そのため、大きなイモを育てたい場合は、出芽した芽を2、3本に間引き、種イモの養分を、新たにできる子イモに集中させます。

以前、このかき取った芽を、そのまま畑に転がしておいたら、いつの間にか根づいて葉が茂り、掘ってみるとビー玉ほどの子イモが2、3個ついていたことがありました。このことは種イモから切り離した芽だけを植えても、ストロンの伸長や子イモの形成には支障がないことを示しています。

トマトなどは、かいたわき芽を土に挿しておくと、すぐに根づいて立派に生長し、実をつけます。もしかしたら、同じナス科であるジャガイモでも、きちんと挿し芽をして育てれば、ビー玉サイズとはいわず、もっと大きなイモがつくかもしれません。

ただ、トマトは光合成や根から吸収する養分を主として生長するのにたいし、ジャガイモはそれに加えて種イモの養分も生長に使われます。種イモから切り離した芽は、その恩恵を受けられないので、それが収量にどう影響するかはポイントになるでしょう。

1個の種イモからどれだけ収穫できるか。夢の増殖術に挑戦します。

第3章 根菜類

芽挿し栽培なら出芽した芽の数だけ
株数を増やせる!

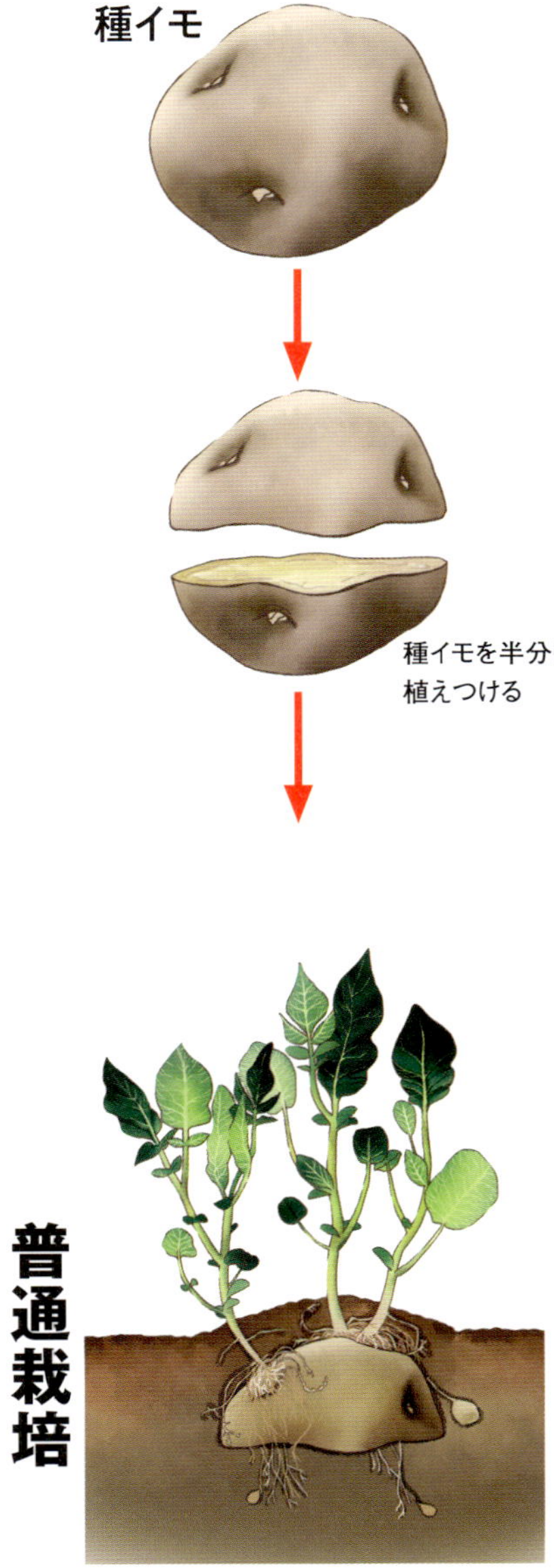

種イモ1個から、通常2株しか栽培できない

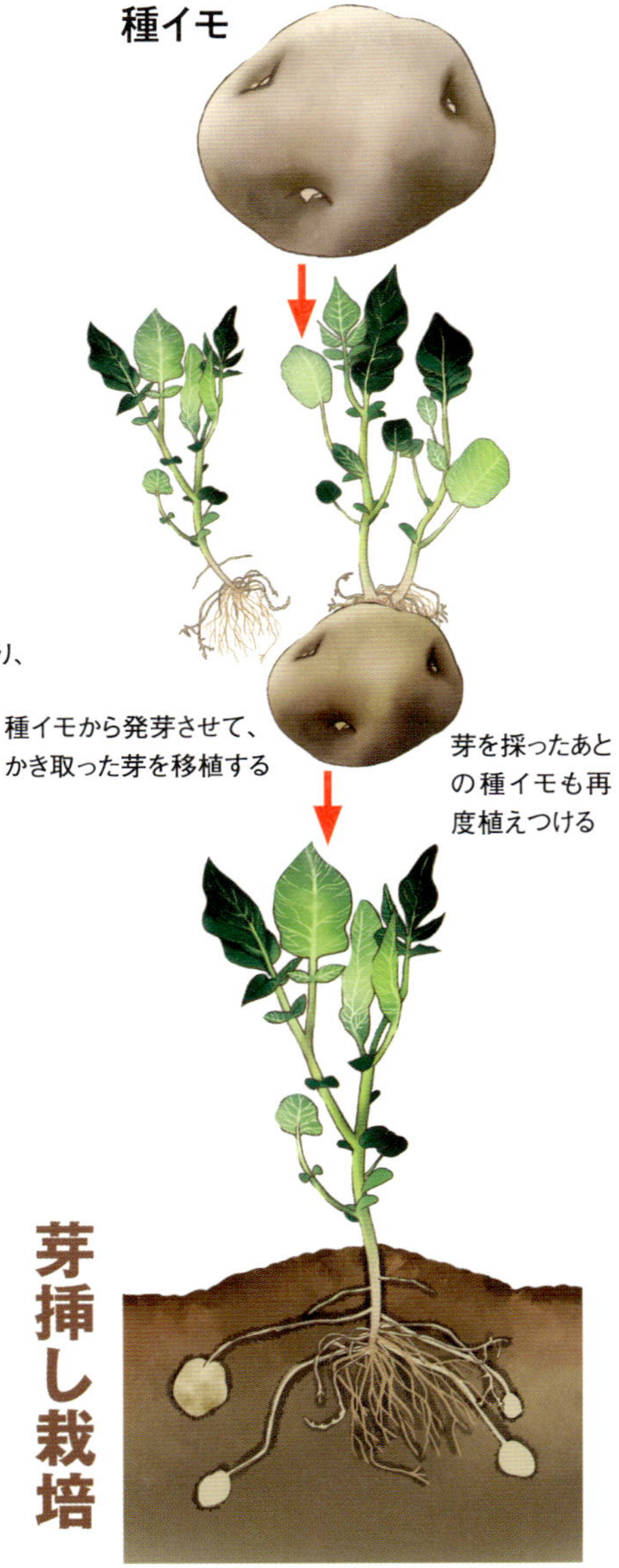

植えつけた芽からストロンが伸び、子イモがつくはず。もともとの種イモから出た芽の数だけ、株数を増やせる

実験方法

芽出しをして、かき取った芽を1本ずつ植えつける

4月6日に畑の一角に仮植えした株。4月28日に掘り上げる

仮植えのあと掘り上げる

芽を1本ずつかき取る

　芽挿し栽培に使用したのは『メークイン』と『アンデス赤』。4月6日に140ｇのメークインと72ｇのアンデス赤の種イモを丸ごと仮植えし、芽が30㎝くらいに伸びた4月28日に掘り上げました。

　この時点で、メークインは8本、アンデス赤は12本の芽が育っており、地中に埋まった部分からは白い根が伸びていました。芽は、根を付けたまま1本1本種イモから外し、深さ10㎝ほどの溝に株間約30㎝で植えつけました。芽を採ったあとの種イモは、再度植えつけました。

　メークインの芽が1株だけ枯れたのを除いて、他は無事に活着。その後、順調に育ちました。再度植えつけた種イモからも、新しい芽が出てきました。その後は芽挿し栽培、種イモともに芽かきはせず、収穫までに土寄せを1回行いました。

　比較のための普通栽培は、種イモを半分に切って4月6日に植えました。

種イモ

かき取った芽を植えるのに加えて、種イモ自体も、再度、植えつける

種イモから採った芽は、深さ10cmほどの溝を掘って深植えする。こうすることで、生育後の土寄せの手間が省ける

4 植えつけた芽が活着

植えつけた芽は1株を除いて、活着。写真は、植えつけ約1か月後の5月23日のメークイン

実験結果考察

5倍の増収の一方、品種で明暗が分かれる

芽挿し栽培 増収のポイント

- 種イモから芽への栄養分の転流を待って移植する
- 2番芽、3番芽も採り、できるだけ株数を増やす
- 休眠期間が短い品種を選ぶ

収穫の結果は次のページ

芽出し→定植の作業の分、芽挿し栽培は、普通栽培に2週間ほど遅れての収穫。その結果は、少し意外なものでした。

まずアンデス赤は、1つの種イモを半分に切って植えつけた普通栽培が、2株で総収量1146g。芽挿し栽培は、植えつけた12株すべてから収穫でき、合計で5269g。さらに芽かき後に改めて植え直した種イモからも154gの収穫があったので、総収量は5423g。種イモ1個あたりで考えると、普通栽培の5倍近くの収穫を実現しました。

一方のメークインですが、普通栽培は2株で総収量2322g。芽挿し栽培は7株で881gの収穫があり、芽かき後の種イモからは665gとれました。総収量は1546gと、こちらは普通栽培に及ばず、7割弱の収穫にとどまりました。

品種によって、どうしてこのような差が出たのか、考察してみましょう。

アンデス赤

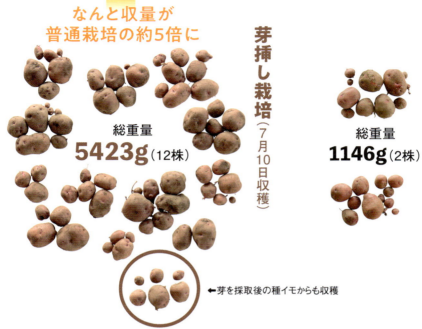

なんと収量が普通栽培の約5倍に

芽挿し栽培（7月10日収穫）

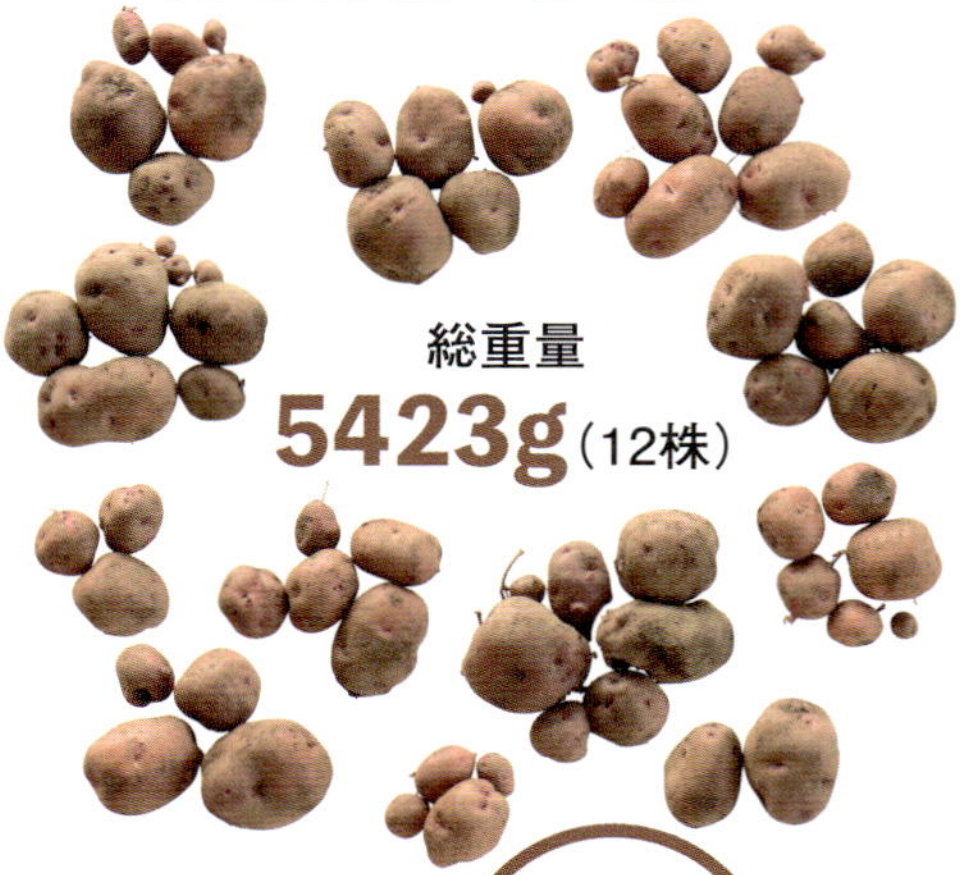

総重量
5423g（12株）

←芽を採取後の種イモからも収穫

普通栽培（6月26日収穫）

総重量
1146g（2株）

メークイン

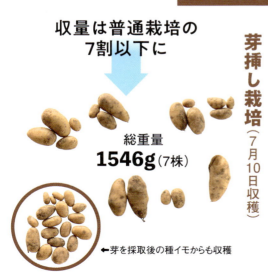

収量は普通栽培の7割以下に

芽挿し栽培（7月10日収穫）

総重量
1546g（7株）

←芽を採取後の種イモからも収穫

普通栽培（6月26日収穫）

総重量
2322g（2株）

主な品種の休眠期間

ごく短い	インカのめざめ
短い	デジマ、ニシユタカ、ジャガキッズレッド、ジャガキッズパープル、アンデス赤
やや短い	メークイン、キタアカリ、ワセシロ、とうや、農林1号
やや長い	男爵薯、トヨシロ、ノーザンルビー
長い	ホッカイコガネ、さやか、シャドークイーン
ごく長い	十勝こがね

資料提供／（株）ホーブ ジャパンポテト事業部

芽挿し栽培の結果は、アンデス赤で普通栽培の約5倍の増収、メークインは、普通栽培に及びませんでした。注目したいのは、芽を採取後に植えつけた種イモの収量です。アンデス赤が154gだったのにたいし、メークインは665gと大きな差があるのです。

アンデス赤は、イモの休眠期間が短い品種です。つまり出芽が早く、4月28日の時点で種イモの栄養分は、ほぼ芽に転流していたと考えられます。

ところがメークインは、まだ種イモに栄養分がたっぷり残っていたと思われます。その後も盛んに出芽しましたから、2番芽、3番芽を採って植えつければ、アンデス赤のように増収につながった可能性が高いのです。

つまり、芽挿し栽培を増収につなげるには、種イモの養分がじゅうぶん芽に転流したのを見計らったうえで、なるべくたくさんの芽を採ることがポイントになります。ただし、挿し芽の植えつけは、あまり遅すぎてもいけません。関東の平野部であれば、6月中旬を過ぎると暑さで株が枯れてきますから、生育期間を考えると4月下旬には植えつける必要があります。そのためには、休眠期間の短い品種のほうが成功率は高いでしょう。

また、種イモを浅植えすると芽を楽に採れますが、その場合は挿し芽の活着をよくするために、芽から伸びた根を切らないように注意してください。

芽挿し栽培は、普通栽培に比べて、数倍の増収が期待できるのはもちろん、芽かきや土寄せの省力化、種イモ代の節約などのメリットもあります。いままでかいて捨てていたジャガイモの芽を、これからは1本残らず活用しましょう。

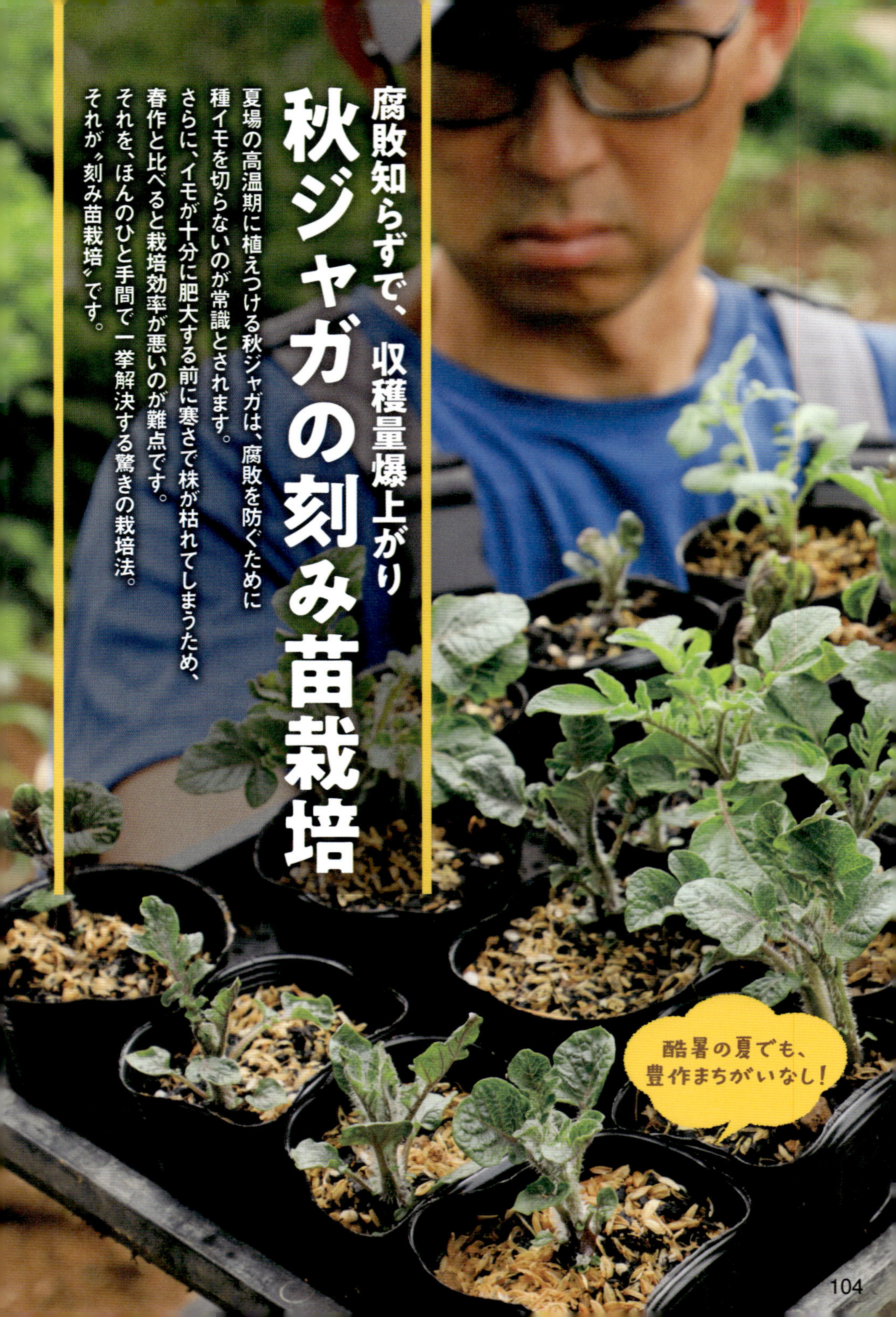
腐敗知らずで、収穫量爆上がり
秋ジャガの刻み苗栽培
夏場の高温期に植えつける秋ジャガは、腐敗を防ぐために種イモを切らないのが常識とされます。
さらに、イモが十分に肥大する前に寒さで株が枯れてしまうため、春作と比べると栽培効率が悪いのが難点です。
それを、ほんのひと手間で一挙解決する驚きの栽培法。
それが〝刻み苗栽培〟です。
酷暑の夏でも、豊作まちがいなし！

実験背景

秋ジャガの種イモを分割したい

刻み苗栽培の栽培暦　（関東地方南部基準）

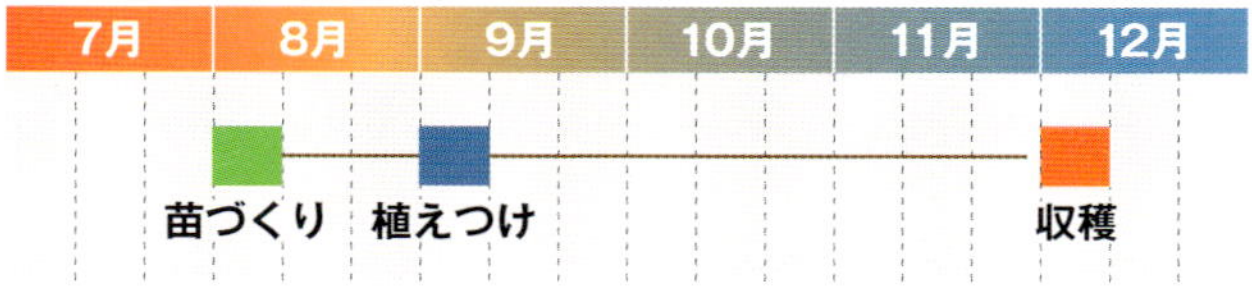

ジャガイモは春作が中心ですが、冬の寒さの訪れが早い寒地・寒冷地を除けば秋にも栽培できます。暑さが一段落する8月のお盆を過ぎた頃から9月上旬に植えつけて、11～12月に収穫する作型となり、春作より難易度は少し高くなります。

問題は大きく2つあります。1つは高温で湿度の高い夏に種イモを植えつけるので、腐りやすいこと。とくに切り口から腐敗しやすいため、種イモは切らずに丸ごと植えつけます。ただ、通常、種イモを50～60gにカットして植えつける春作と比較すると、種イモを丸ごと使うのは、あまり効率的とはいえません。

もう1つの問題は、イモがじゅうぶん肥大する前に寒さで地上部が枯死してしまうことです。その一方で、暑さも苦手なので、早植えして生育期間を延ばすこともできません。そのため春作に比べると収量がかなり落ちます。

この2つの問題を解決するために考案したのが、ここで紹介する〝刻み苗栽培〟です。種イモを細かく切り分けてポットで育苗した苗を植えつける方法で、3つのメリットが考えられます。

まず、高温や過湿を避けた環境下で育苗できるため、種イモが腐敗しにくいこと。次に種イモを分割して効率的に使えること。そして、栽培時期の前倒しにより生育期間を長期化してイモを肥大させられることです。さらに特筆すべきポイントは種イモのサイズです。通常50～60gとされる適正サイズに比べてもっと

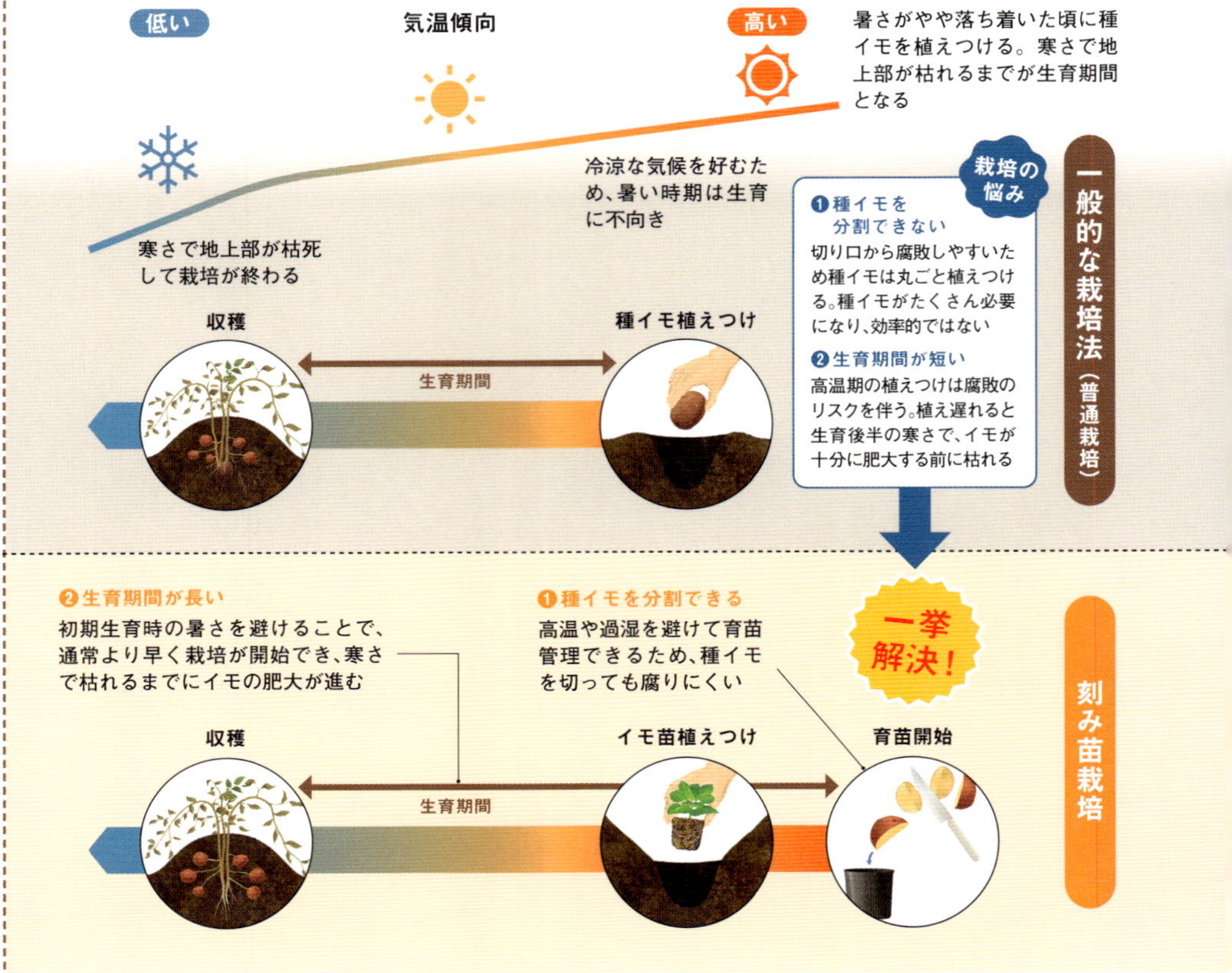

低い
気温傾向
高い
暑さがやや落ち着いた頃に種イモを植えつける。寒さで地上部が枯れるまでが生育期間となる
冷涼な気候を好むため、暑い時期は生育に不向き
寒さで地上部が枯死して栽培が終わる
収穫
種イモ植えつけ
生育期間
栽培の悩み
❶種イモを分割できない
切り口から腐敗しやすいため種イモは丸ごと植えつける。種イモがたくさん必要になり、効率的ではない
❷生育期間が短い
高温期の植えつけは腐敗のリスクを伴う。植え遅れると生育後半の寒さで、イモが十分に肥大する前に枯れる
一般的な栽培法（普通栽培）
一挙解決！
❷生育期間が長い
初期生育時の暑さを避けることで、通常より早く栽培が開始でき、寒さで枯れるまでにイモの肥大が進む
❶種イモを分割できる
高温や過湿を避けて育苗管理できるため、種イモを切っても腐りにくい
収穫
イモ苗植えつけ
育苗開始
生育期間
刻み苗栽培

小さく〝切り刻んだ〟種イモを使います。

ちなみに、種イモを直接畑に植えつける通常の栽培法で早植えすると、高温による病害が発生しやすくなります。わたしも過去に試みたことがあるのですが、種イモがほとんど腐敗するという悲惨な結果に終わりました。そんな経験をふまえての本実験。秋ジャガ栽培の常識を覆します！

用いた品種は『アンデス赤』。芽が集中する頭頂部から縦に切り分ける。かならず1片に1つ以上の芽がつくようにする

実験方法

8月上旬、種イモを極小に刻み、〝刻み苗〟を育てる

苗づくりの手順

育苗期間は25日前後。夏の高温や過湿による種イモの腐敗を防ぐため、日よけをするか、木陰など弱い光が当たる涼しい場所に置く。水やりは過湿にならない程度に、乾いたら少しやる。腐敗を防ぐため雨も避ける。

①畑土と籾殻を混ぜた土をポリポットの¼ほどの深さまで入れ、切り口を下にして種イモを置く

②種イモが埋まるようにポットの上面まで土を入れる。初期生育は種イモの養分が使われるので元肥は不要

③20日ほどで出芽する。その後数日で草丈5〜6㎝に育ったら畑に植えつける。出芽すれば暑さで種イモが腐敗する心配はほぼない

まず、この栽培法の要となる〝刻み苗〟をつくります。種イモは、1片15gに切り分けます。これは、わたしの栽培経験から得たサイズ。一般的な種イモの重さ（50〜60g）と比べ、見劣りしない収量が確保できるぎりぎりの大きさです。15gの小片は3号ポリポットに植えるにもちょうどよいサイズです。

土は、堆肥を鋤き込んだ畑の土に、通気性、透水性を高めるため籾殻を混ぜました。畑土と籾殻の割合は1：1です。水はけのいい土の場合は、籾殻の割合を少なくしてもよいでしょう。土が湿っていれば水やりは控えます。その後も表面が乾いたら少し水をやるくらいにし、過湿に気をつけます。育苗は8月上旬に始めました。

育苗した20株中19株が出芽しました。腐敗した種イモはありませんでした。

栽培経過

植えつけは、残暑厳しい9月上旬。芽かきも不要

植えつけの手順

❶ 根鉢が崩れないように植えつけの1〜2時間前に水をやって根と土を密着させる。ポットから取り出すとしっかり根が巻いていた。❷ 植え穴にそっと苗を置く。❸ 土を寄せて植え穴と根鉢の隙間を埋め、株元を軽く押さえて安定させる。根鉢の上面は土に埋めない

苗は、草丈5〜6㎝に育った頃に畑に植えつけました。遅れるとイモが着生するストロン（地下に伸びる匍匐《ほふく》茎）が発生するので、早めに植えつけたほうがよいでしょう。

植え穴を地表から15㎝ほどの深さでやや広めに掘り、株間30㎝で苗を植えつけます。根鉢の高さは8㎝ほどあるので、深さ15㎝の穴底に置くと、苗が地表より低くなります。これによりその後の土寄せが楽になります。

植えつけから10日ほどすると、茎が伸びて地表より高くなります。そのタイミングで深く掘った穴にまわりの土を落として茎ごと埋めます。鍬で土を盛り上げる必要がなく、とても簡単に土寄せができます。1回めの土寄せの10日後に2回めの土寄せをしますが、もともと苗を深植えしているので、株元に軽く土を寄せてやればだいじょうぶ。イモが地表に出

植えつけ後、約1か月（比較検証中）

A 普通栽培

B 刻み苗栽培
（ポット・籾殻入り畑土）

いずれの株も順調に生育している。茎数は、AとBが多めで、CとDが少なめの傾向がみられた

C 刻み苗栽培
（セル・畑土のみ）

D 刻み苗栽培
（セル・籾殻入り畑土）

比較のため、4つの栽培方法を試した

A：小ぶりな種イモ（約60g）を丸ごと直接植えた。定植時期は刻み苗より早く8月下旬。
B：刻み苗栽培。種イモ約15g。3号ポリポットで籾殻入りの畑土を使用。
C：種イモ約15g。セルトレーで畑土のみで育苗。
D：種イモ約15g。セルトレーでポット苗と同じ籾殻入りの畑土を使用。

る心配はありません。

芽かきをしなくていいのも刻み苗栽培のメリットです。種イモを細かく切り分けているので、もともと芽の数が少ないのです。

なお、今回は元肥も追肥も施しませんでした。土地が痩せている場合は植えつけの3週間ほど前に1㎡当たりスコップ1杯程度の堆肥を施しておくとよいでしょう。

実験結果
考察

種イモ1個にたいする総収量は、普通栽培の3倍以上になった

普通栽培 A

順調に育った。刻み苗栽培より、イモ数も重さもやや上回った。

刻み苗栽培 B

全体的にイモは小ぶりだが、刻み苗１株から４～６個収穫できた。

※数値は平均値

種イモ1個当たりに換算すると

※計算上の比較

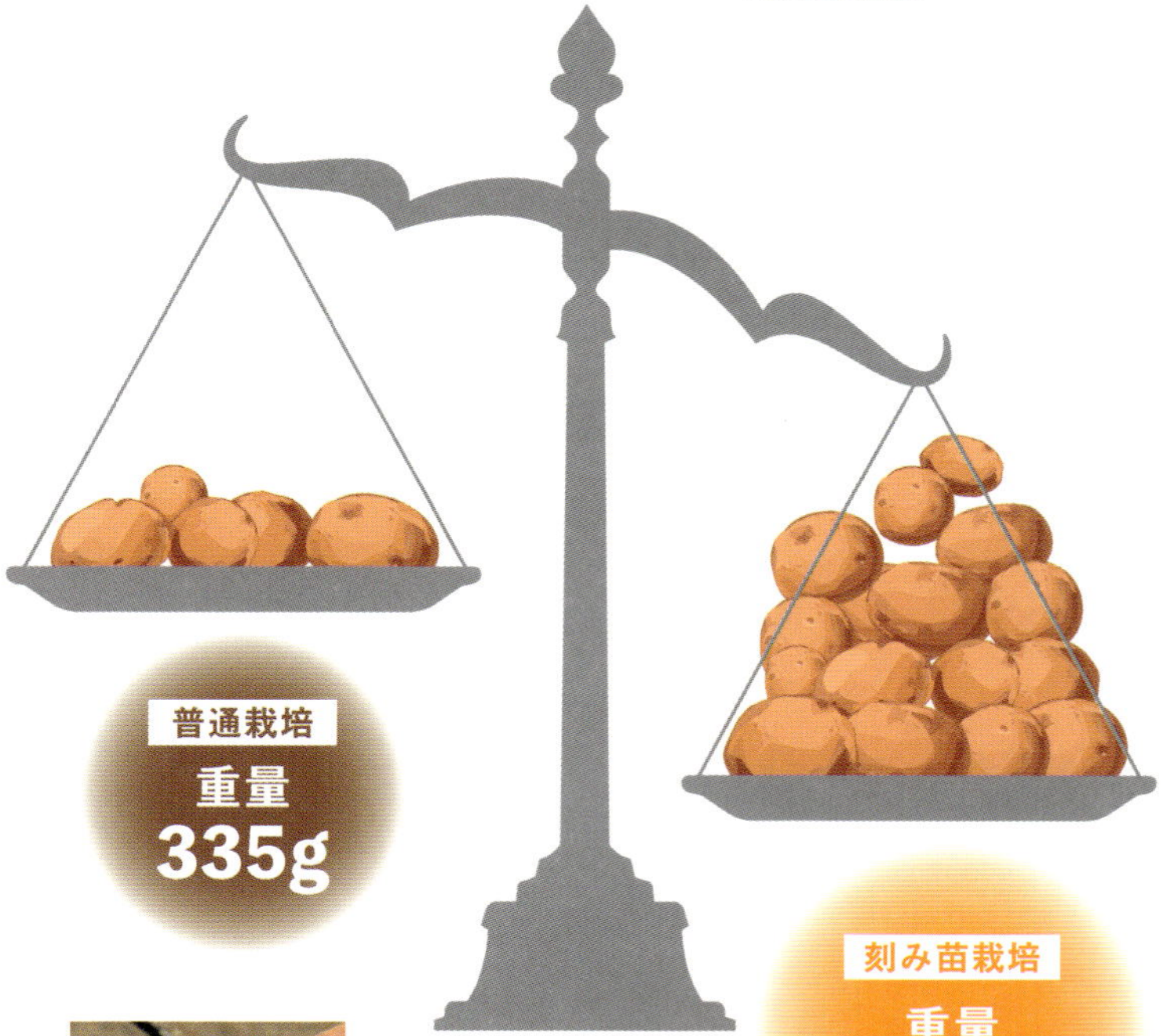

普通栽培
重量
335g

刻み苗栽培
重量
1032g

普通栽培では種イモが、ほぼそのままの形で残っている株が多くみられた

栽培法による収穫量の違い

	A 普通栽培	B 刻み苗栽培（ポット・籾殻入り）	C 刻み苗栽培（セル・畑土）	D 刻み苗栽培（セル・籾殻入り）
平均重量（1株当たり）	335g	258g	147g	229g

用土には籾殻を入れるべし

セルトレーで育てた苗では、籾殻入りの土のほうが畑土に比べて勝った。ポット苗もうまくいったことから、育苗時の高温や過湿を防ぐうえで通気性、透水性の高い土が求められることも実証できた

秋ジャガは苗に限る！

収穫は12月になって茎葉がすべて枯れてから行いました。結果は表のとおりで、1株当たりの平均では、普通栽培が勝りました。ただし、小ぶりといえども種イモ1個は約60ｇあり、刻み苗栽培では4苗分に相当します。つまり、刻み苗の収量を種イモ1個当たりに換算すると、258ｇ×4で1032ｇになり、普通栽培を大きく上回ります。

　この結果から、育苗により種イモの腐敗が防げ、秋ジャガ栽培でも種イモを切り分けて効率的に使えることが実証できました。生育期間を延ばして収量を増やすというもう一つの目的も、刻み苗栽培の種イモ1個当たりの収量を考えれば大成功。秋作で種イモ1個1kg超えは、まずまずの結果といえます。

　さらに普通栽培では、多くの株で種イモの形が残っていました。この現象は、春作にはあまりみられませんが、栽培環境の相違に起因するものと推察できます。秋ジャガ栽培では、種イモは養分的に60ｇも必要ないのかもしれません。

　秋ジャガ栽培の常識を覆す刻み苗栽培。もう種イモの腐敗とはおさらばです。

困惑するほどとれます!

少苗&省スペースで、どっさり!

サツマイモの直線仕立て

みなさんは、1本のつる苗から何本くらい収穫していますか？　わたしは、ざっと90本です！　秘訣は仕立て方にあります。しかもこの方法なら省スペースで栽培可能。〝つるぼけ〟の心配もありません。

実験背景

不定根の積極利用で、増収&つるぼけを回避!?

サツマイモは、つる苗の節から発生した不定根が肥大してイモになります。一般的な栽培法では、つる苗の2~3節を地中に埋め、1株から5~6本のイモをとります。地面に広がるつるの各節からも不定根が発生しますが、食用に向くほどは太りません。それどころか、葉でつくられた養分をむだに吸収してしまうので、つるを地面から引き剥がして根づかないようにします。これが〝つる返し〟です。

つる返しは、過剰な窒素分で茎葉ばかりが茂る〝つるぼけ〟の防止になります。根を切ったり、葉を裏返しにしたりすることで窒素過多を防ぐのですが、手間のかかる作業でもあります。

では、あえてつるに発生する不定根を肥大させたらどうなるのか? つまり、生長するつるを苗と考えて埋めるのです。根が増えると生育も旺盛になると予想されますが、イモの数も増えるため、養分が分散して〝つるぼけ〟はしないはずです。

つる返し※
つるの途中から発生する不定根が根づくのを防ぎ、葉で作られた養分を株元のイモに集中させる
※近年は、不定根の発生が少ない品種もあって、つる返しをしない栽培法も広がりつつある

つるの途中から発生する不定根を根づかせ、葉でつくられた養分を、全体の不定根(イモ)に分散させる

実験方法

親づるを埋め倒す

一般的な栽培法では、つるを広げるためのスペースが必要です。今回はつるを一直線に誘引するため、左右の広がりは抑えられると想定しました。そこで畝間を一般的な野菜と同じ約1mとし、長さ約8mの栽培スペースを準備。畝幅40cmほどのかまぼこ形の畝を立て、苗を畝の両端に1株ずつ植えつけました。品種は、定番の『ベニアズマ』を選択。

その後は、つるの生長に合わせて、畝の中央に向かって、つるを一直線に埋めていきます。管理のしやすさと養分を親づるのイモに集中させるため、子づるは放任し、埋めるのは親づるだけにします。つる同士が畝の中央で鉢合わせした時点

つるを一直線に誘引することで、横へはそれほど広がらず、隣の畝が埋もれる心配はありません！

※m表示は、各株のつるを埋めた長さ

で、その後は放任しました。

ちなみに品種にもよりますが、株間を広くとってのびのびと育てると、サツマイモのつるは6～7mにもなるそうです。8mの畝の両端に埋めた苗のつるは中央で鉢合わせるため、長さは4mにしかなりませんが、それだけあれば十分でしょう。なぜなら、不定根が肥大し、イモが収穫適期になるには、4か月程度かかります。そのため生育後半のつるにできるイモは食用になるほど太らないと考えられるからです。

つる埋めの手順

親づるが30～40cm伸びたら持ち上げて、畝に深さ10cmほどの埋め溝を掘る

溝につるを埋める。親づるから伸びる子づるは放任する

つる埋め終了。つる先の生長点と葉は地表に出す。初期は生育が緩慢だが、生長が加速する夏場は1週間に1回程度つる埋めをする

収穫直前の畝の様子。つる返しはしなかったが、特段、葉が大きくなったり、つるが繁茂しすぎたりといった、つるぼけの様子はみられなかった

※サツマイモの手前の畝で、ラッカセイを収穫したため、つるが一部返っています。

実験結果
考察

収量は、一般的な栽培法の7~10倍にもなり食味も良好だった

10月中旬にいっせいに掘り上げました。食用に値するイモは、それぞれA株で約90本、約12.6kg、B株で約70本、約8.6kg。わが家での一般的な収量は250g前後のイモが5~6本なので、7~10倍にもなりました。

つるの過剰な繁茂がなかったのと、収穫したイモの様子からつるぼけを防げたのもわかります。つるの途中にできたイモに養分がうまく分散されたためでしょう。親づるだけを埋めたのも正解でした。子づるの不定根が肥大すること→

焼きいもにちょうどよい、やや細めの適正サイズが多くとれた。火が通りやすく、色も鮮やかで味もいい

となく、養分が親づるのイモに転流した、と考えられます。

株元のイモの肥大が阻害されることもありませんでした。むしろ、収穫が定植してから約170日後となり、収穫適期（ベニアズマは定植後110~120日）を大幅に超えたためか、育ちすぎたくらいです。適正サイズのイモは株元から1~2mほどの場所に集中していました。

ところで、なぜ今回のようにつるを埋めると不定根が肥大するのか。わたしなりに考察してみました。まずは地温です。塊根の肥大適温（地温）は22~26℃といわれますが、つるを埋めることで安定し

た地温を確保できます。さらには、そもそもサツマイモは根が肥大したものだということです。根は光の当たらない地下で育つ器官であり、常時土の中にあれば根の肥大も促されます。加えてつるを埋めることで、より広範な養分や水分を吸収できるようになったのでしょう。

　今回の実験は、つるぼけを抑え、収量アップし、さらに栽培スペースの抑制につながる一石二鳥ならぬ三鳥の大成功を収めました。

　改善点があるとすれば、肥大しすぎた株元のイモです。その養分を全体に分散できれば、品質や収量をもっと高められるはず。つまり、一気にイモを掘り上げるのではなく、株元から順次、適期収穫していけば、長期にわたって、いつでも品質のいいイモが食べられるはずです。

つる埋めでイモが肥大する理由（推察）

一般的な栽培法

地表面では、根の生育が不安定

直線仕立て

地中では、根の生育が安定

❶ 好適地温を**安定確保**できる

❷ 根に日光が当たらず、**伸張がスムーズ**

❸ 養水分を**効率よく吸収**できる

驚きの収穫写真は次のページへ

A株　個数：約**90**本　重量：約**12.6**kg

株元から２ｍくらいの範囲に食べごろのイモがたくさんついた。写真右のイモは、肥大が不十分で計測から外したイモ。大きなイモは調理用に、適正サイズは焼きいもに、小サイズは素揚げしてイモケンピにしました

B株　個数：約70本　重量：約8.6kg

たくさんとれたものの、もう一方のA株と比べるとやや劣った。写真左側が南になるが、つるを誘引する方向で生育に差が出たのかもしれない。それでも1本のつる苗から70本のイモは上出来！

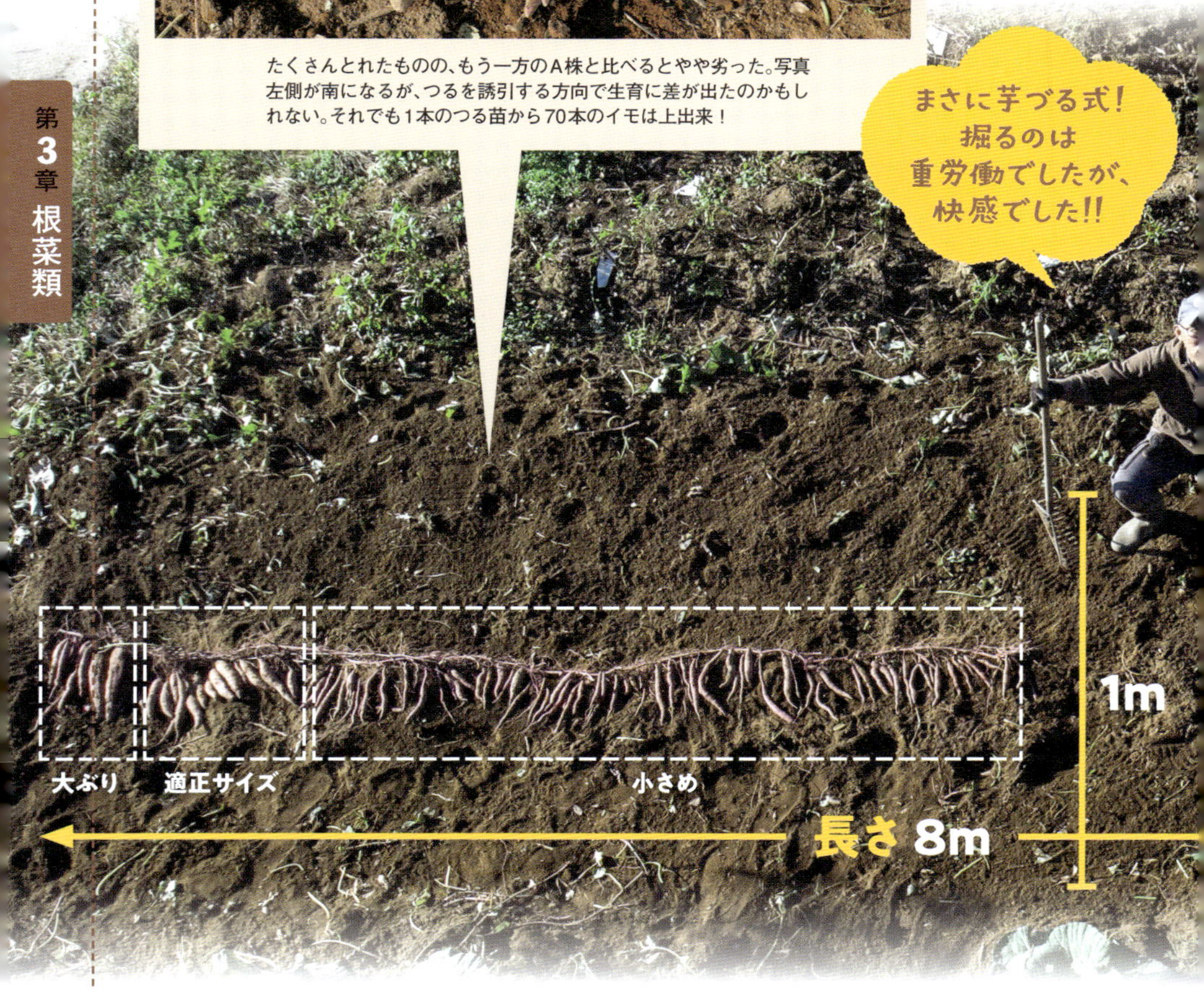

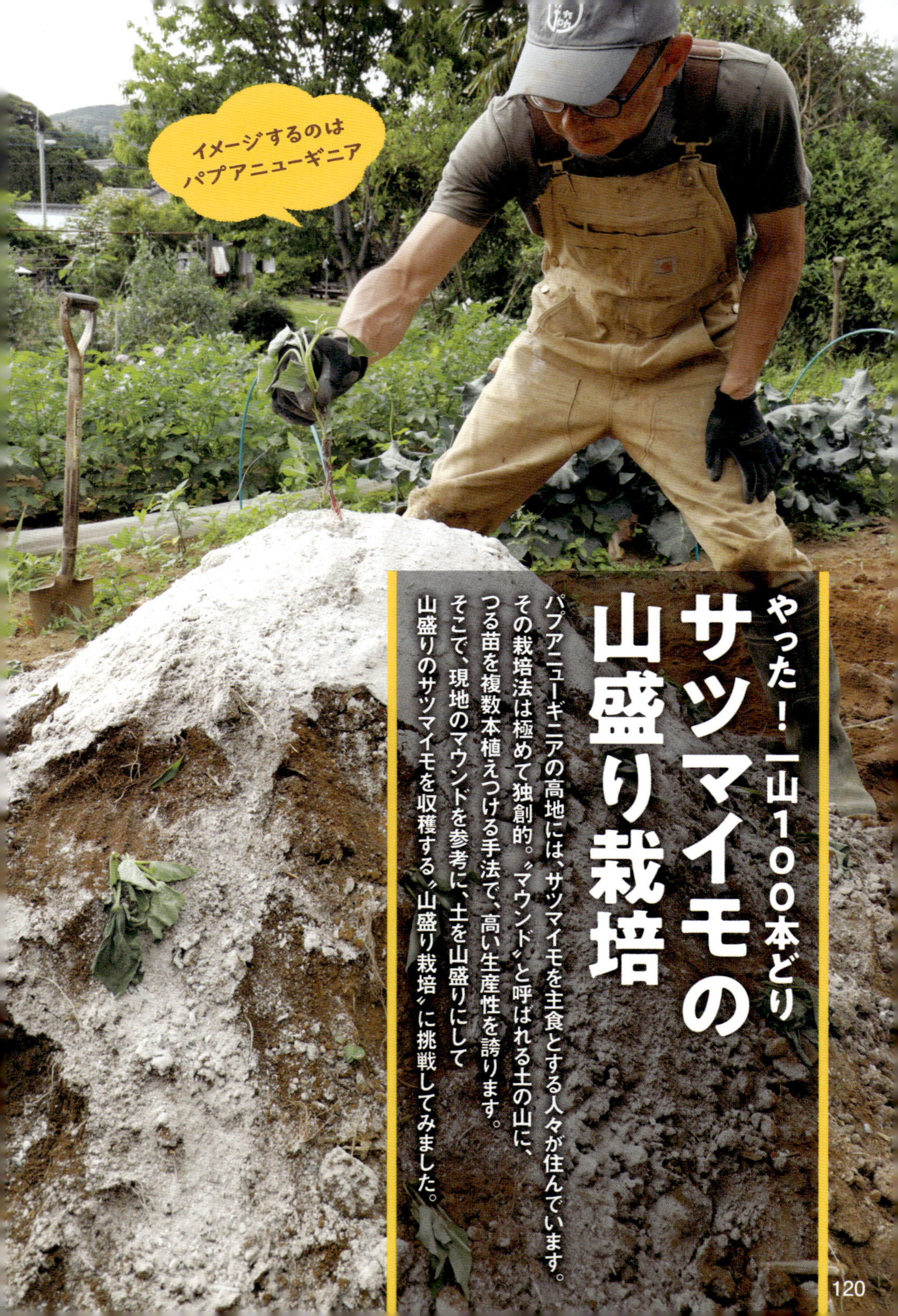

イメージするのは
パプアニューギニア

やった！一山100本どり
サツマイモの山盛り栽培

パプアニューギニアの高地には、サツマイモを主食とする人々が住んでいます。その栽培法は極めて独創的。〝マウンド〟と呼ばれる土の山に、つる苗を複数本植えつける手法で、高い生産性を誇ります。そこで、現地のマウンドを参考に、土を山盛りにして山盛りのサツマイモを収穫する〝山盛り栽培〟に挑戦してみました。

実験背景

主食がサツマイモ。パプアニューギニアでの栽培法に学ぶ

かごに盛られたサツマイモをほおばるパプアニューギニアの男性。地方の村では“半裸に腰みの”がふつうだという。食事はほぼサツマイモで、約40種もの品種を栽培し、食味の違いを楽しんでいるとか

わたしは20代から30代にかけて、長く海外を旅していました。そんなわたしの本棚にはたくさんの旅行記が並んでいます。そのなかの一冊を読んでいたとき、ある一文が目に留まりました。本のタイトルは『世界のどこかで居候』（中山茂大／文　阪口 克／写真　リトル・モア刊）。さまざまな国の家庭におじゃまして、その暮らしをつづった旅行記です。

その一文とは、パプアニューギニア高地の、とある村の食生活を紹介したもので、なんと「一日3食、365日ほぼサツマイモしか食べない」というのです。この本の写真を手掛けている阪口克氏は、なにを隠そう、本書のカメラマンでもあります。

「その村には1週間ほど居候したんだけど、ほんとうにイモしか食べないんだよ。朝昼晩、イモ、イモ、イモ、あれには驚

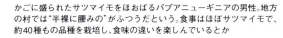

これがマウンドだ！

マウンドと呼ばれる小山が連なるサツマイモ畑（写真：Alamy）。マウンドのてっぺんには束ねた苗が植わっている。現地ではこのマウンドを利用する農法により、100年以上も連作をしているといわれている。連作障害が出にくいサツマイモではあるが、この年月は驚異的だ

いた」と当時の様子を話してくれました。

また別の資料によると、パプアニューギニア高地における一人当たりのサツマイモの消費量は一日2kg。年間にすると700kgも食べているというのです。ここまで大量に消費されるサツマイモは、どのように栽培されているのでしょうか。

さらに調べると、その方法はじつに独創的でした。敷き詰めた枯れ草の上に土を盛り、直径2～4m、高さ50cmほどの小山を作ります。小山は〝マウンド〟と呼ばれ、そのてっぺんに、数本の苗を植えつけるのです。枯れ草が分解され、堆肥化されて土を肥沃にするのでしょう。

サツマイモを主食とする世界的にも希有な人々が、独自に育んだマウンドによる栽培法。日本人が、米の栽培に精通するように、マウンドにはサツマイモをよりよく育てる知恵が詰まっているにちがいありません。

実験方法

土を山状に盛り上げ、つる苗を植えつける

今回の栽培では、パプアニューギニアと異なり、肥沃なわたしの畑での栽培なので、いくつかのアレンジを加えました。

1つめは苗の植えつけ方。現地では、マウンドの頂部に数本束ねて植えつけますが、斜面全体を畝と見立てて、株間30～40cmで20本ほどを植えつけました。マウンドの効果で生育が旺盛になっても、肥料分を分け合って、つるぼけを回避できます。うまくいけば、小スペースでの大量収穫が実現できます。

2つめに、大量の草をマウンドに敷き詰める、現地でのプロセスを省きました。畑の土が肥沃なため、新たに土づくりを

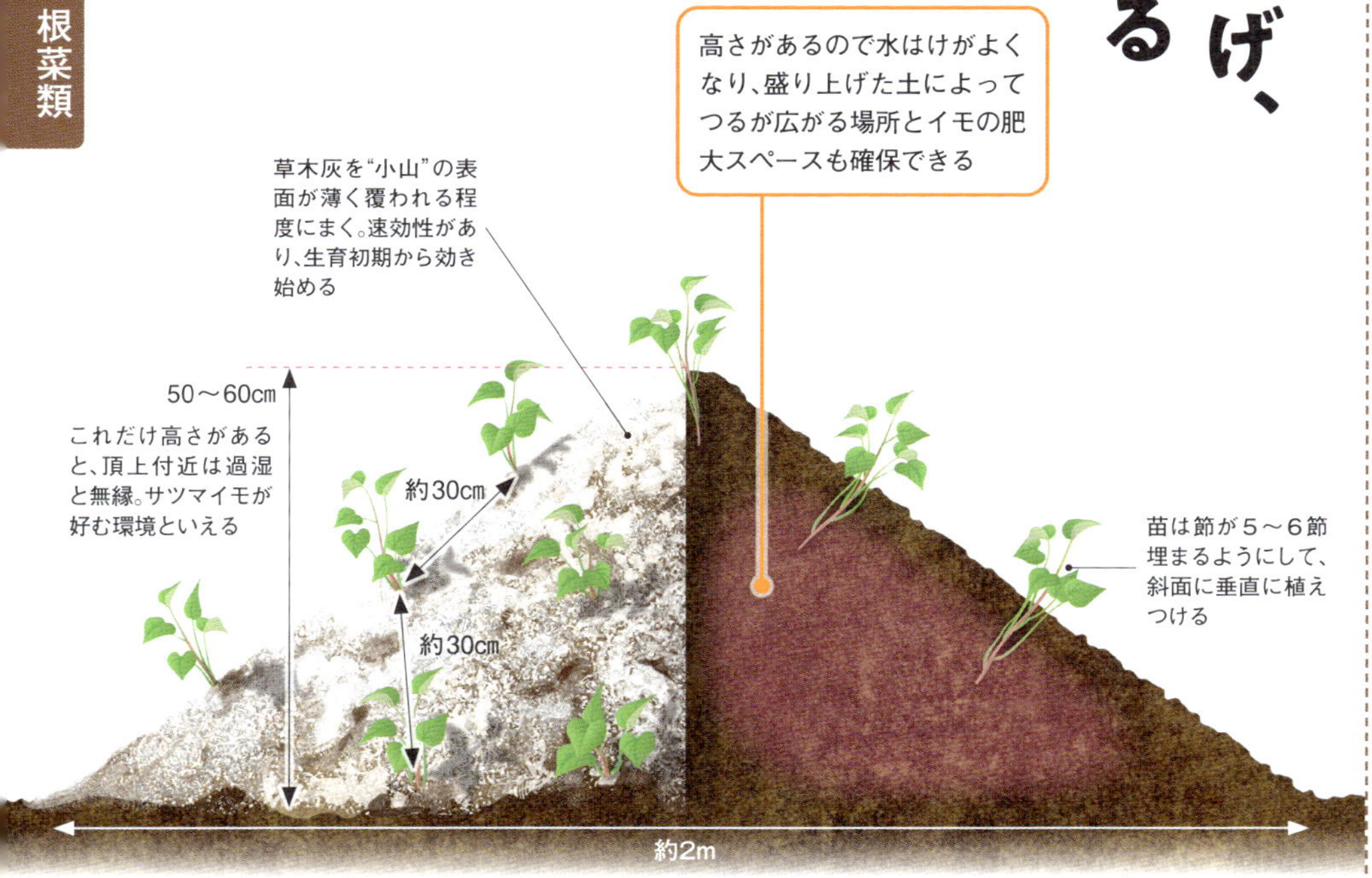

高さがあるので水はけがよくなり、盛り上げた土によってつるが広がる場所とイモの肥大スペースも確保できる
草木灰を"小山"の表面が薄く覆われる程度にまく。速効性があり、生育初期から効き始める
50～60cm
これだけ高さがあると、頂上付近は過湿と無縁。サツマイモが好む環境といえる
約30cm
約30cm
苗は節が5～6節埋まるようにして、斜面に垂直に植えつける
約2m

底の直径は約2mで、栽培面積は約3.5㎡（マウンドの斜面）。マウンドの周囲につるが広がるスペースを確保する

する必要がないと判断したためです。草を敷き詰めないので、マウンドの内側にはイモの肥大スペースを広く確保できます。

３つめは肥料です。サツマイモは窒素を控えめにするのが鉄則です。一方で、イモの肥大にはリン酸やカリが欠かせません。そこで、窒素を含まない草木灰を元肥に施しました。

1.マウンドを作る

パプアニューギニアのマウンドは、大量の草の上に土を盛るが、今回は草を敷かずに土だけ。直径２m、高さ50㎝を目安に畑土で“小山”を作る

“小山”の表面が薄く覆われる程度に草木灰をまく。草木灰の一般的な成分比はN:P:K＝0:3〜4:7〜8程度。加えて石灰分を多少含む。窒素(N)はいっさい含まない

2.つる苗を植えつける

本来のマウンドは、頂部に３〜４本の苗を植えつけるが、今回は一般的な栽培法の株間30㎝に準じ、マウンドの斜面に合計20本の苗を植えつけた。品種は『べにはるか』

❶“小山”の斜面に棒や支柱を差して、深さ20〜30㎝、直径３〜４㎝ほどの穴をあける。細い棒をぐるぐる回して穴を広げる。❷斜面と垂直になるようにつる苗を植えつける。❸つる苗は節が５〜６節埋まるようにして、葉は地表に出す。最後に穴の隙間に土を詰めて、苗を安定させる

栽培経過

除草1回のみで、つる返しなしの完全放任！

あっという間に、小山を覆い尽くした

定植から約２週間後。植えつけ後は水やりもせず、見守るだけ。1週間ほどでしっかりと活着し、新しい葉が伸びだした

７月中旬には繁茂したつるで小山が覆われた。高温を好むサツマイモは、気温が高くなる梅雨明け頃から、旺盛につるを伸ばす。山の斜面で高低差があるおかげか、茂っても葉の重なりが少なく、風通しや日当たりが確保されたようだ

もともと手がかからないサツマイモですが、〝山盛り栽培〟でも、つるが繁茂する前に1回除草しただけで、後は放任。

７月中旬にはマウンドがつるで覆われ、8月にはまわりに広がって、その範囲は半径2mほどになりました。とはいえ、つるぼけを起こしたわけではありません。直径2mほどの〝小山〟に20本もの苗を植えたのですから、これくらいのつるは想定内です。地上部を観察したかぎり、順調に生育していたので、過繁茂を抑えるためのつる返しは行っていません。

サツマイモの収穫時期は、植えつけ後の日数を目安にします。今回育てた『べにはるか』は140〜150日が目安です。ちなみに年間の気温変化が少ないパプアニューギニアでは、植えつけ後5〜6か月で収穫を開始し、その後数か月間にわたってとり続けるそうです。

実験結果考察

豊作のカギは、水はけのよさと肥大スペースにあり

山を崩すと、
サツマイモが
ゴロゴロ
出てきます!

地上部のつるを地際で切り、小山を崩していくと、中から太ったイモがゴロゴロ出てきました。イモの大小はあれども、その数はおよそ100本。植えつけた苗は20本ですから、1株平均5本のイモがとれたことになります。この数は通常栽培とほぼ同じですが、それが直径2m、高さ50㎝、面積にしておよそ3.5㎡の極小スペースで実現できたのはすごいと思いませんか。

サツマイモは乾燥に強く、多湿が苦手です。そのため日本の産地では30㎝ほどの高畝(かまぼこ畝)で栽培します。その点、高さ50㎝ほどある小山では、一般の高畝以上に水はけがよくなります。加

小山を崩すとよく太ったイモがびっしり。根は小山の下の地中にも伸びており、広い範囲から必要な養水分を吸収していた。収穫するときは、ショベルだとイモを傷つけやすいので、手で掘った。ショベルなしでも収穫作業が楽なのも、山盛り栽培の優れた点。次から次にイモが出てくるのがうれしい

えて、小山の形状で表面積が増える分、つるが伸びる範囲が広がります。さらに周囲の地面より高いので、日当たりや風通しも抜群によくなったのでしょう。

一見、密植のようですが、イモが太るスペースは十分で、かつ肥大しすぎたイモはありませんでした。現地ではマウンドのてっぺんに3〜4本の苗を植えるだけですが、たくさんの苗を植えたのも功を奏したようです。土壌の養分もうまく分け合って、つるぼけにもなりませんでした。また、草木灰の養分も適度に効いたようです。

サツマイモを主食とするパプアニューギニアのマウンド栽培。その手法はじつに理にかなったものでした。いつかパプアニューギニアを訪れたときは、現地の人たちにこの成功を伝え、いっしょにサツマイモをほおばりたいものです。

かいた芽を利用して大増収

サトイモの分家栽培

サトイモからかいた芽を移植して、株数を増やすことに挑戦。みごと総収量の倍増に成功しました。

実験背景

サトイモも挿し芽で増やせないか？

種イモを植える
普通のサトイモ栽培

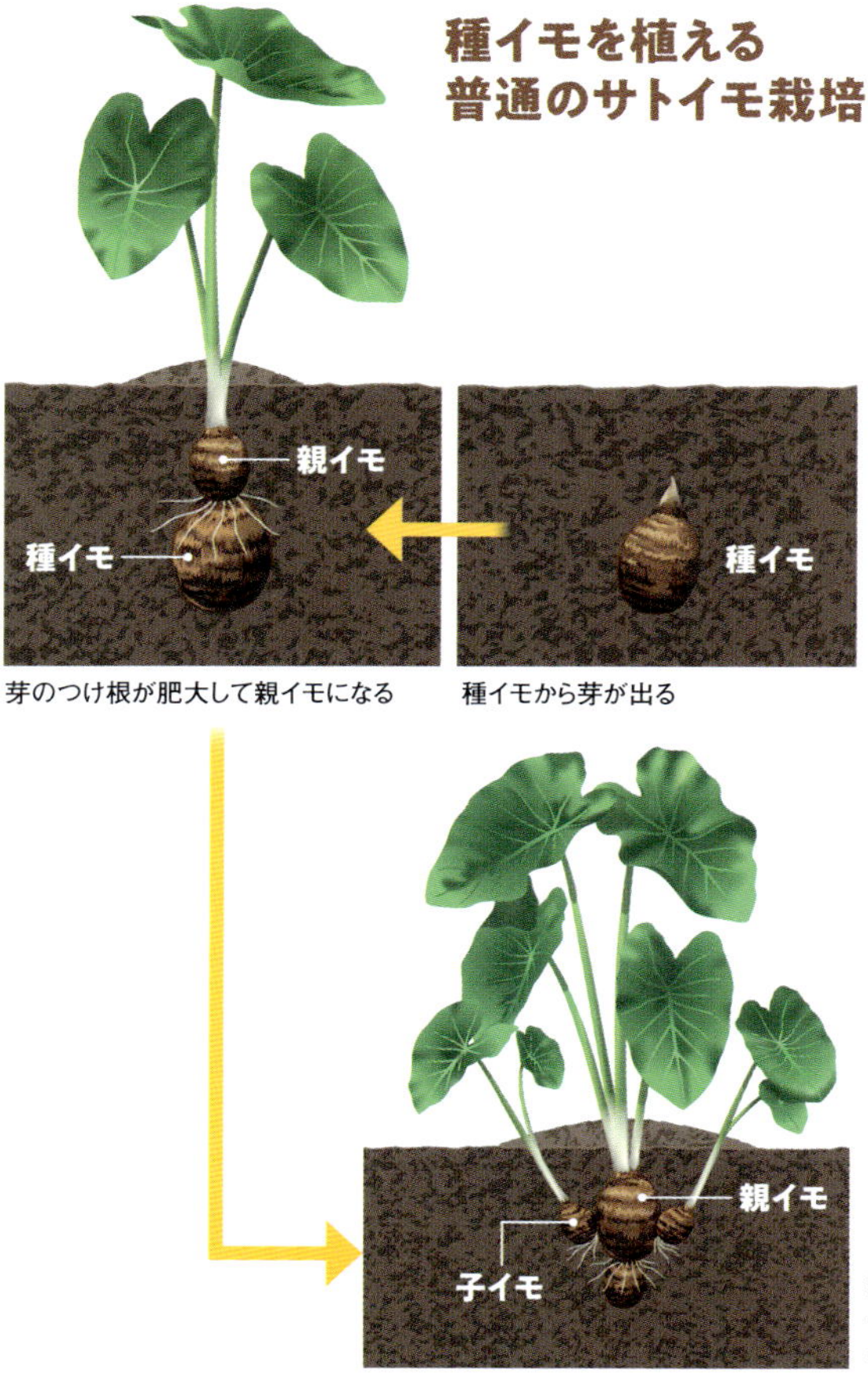

芽のつけ根が肥大して親イモになる

種イモから芽が出る

親イモからわき芽が出て、そのつけ根が肥大して子イモになる

これまで、何度か東南アジアの熱帯雨林地域を訪れたことがあります。そこでかならず目にしたのが、サトイモによく似たタロイモです。野生種はもちろん、畑や水田で栽培されているのもよく目にしました。現地の人と食べ方や栽培法の話をしていて、わかったことがあります。タロイモは種イモからではなく、苗から育てるというのです。しかも、その苗というのが、収穫したイモから切り離した茎なのです。つまり挿し芽です。日本でも、沖縄や奄美群島で作られているタイモは、タロイモと同じように苗を植えつけて育てます。

そこで、タロイモの仲間であるサトイモでも、同じようなことができないかと考えてみました。サトイモの栽培ではイモの肥大を促すために、種イモのまわり

挿し芽で増やす「分家栽培」！

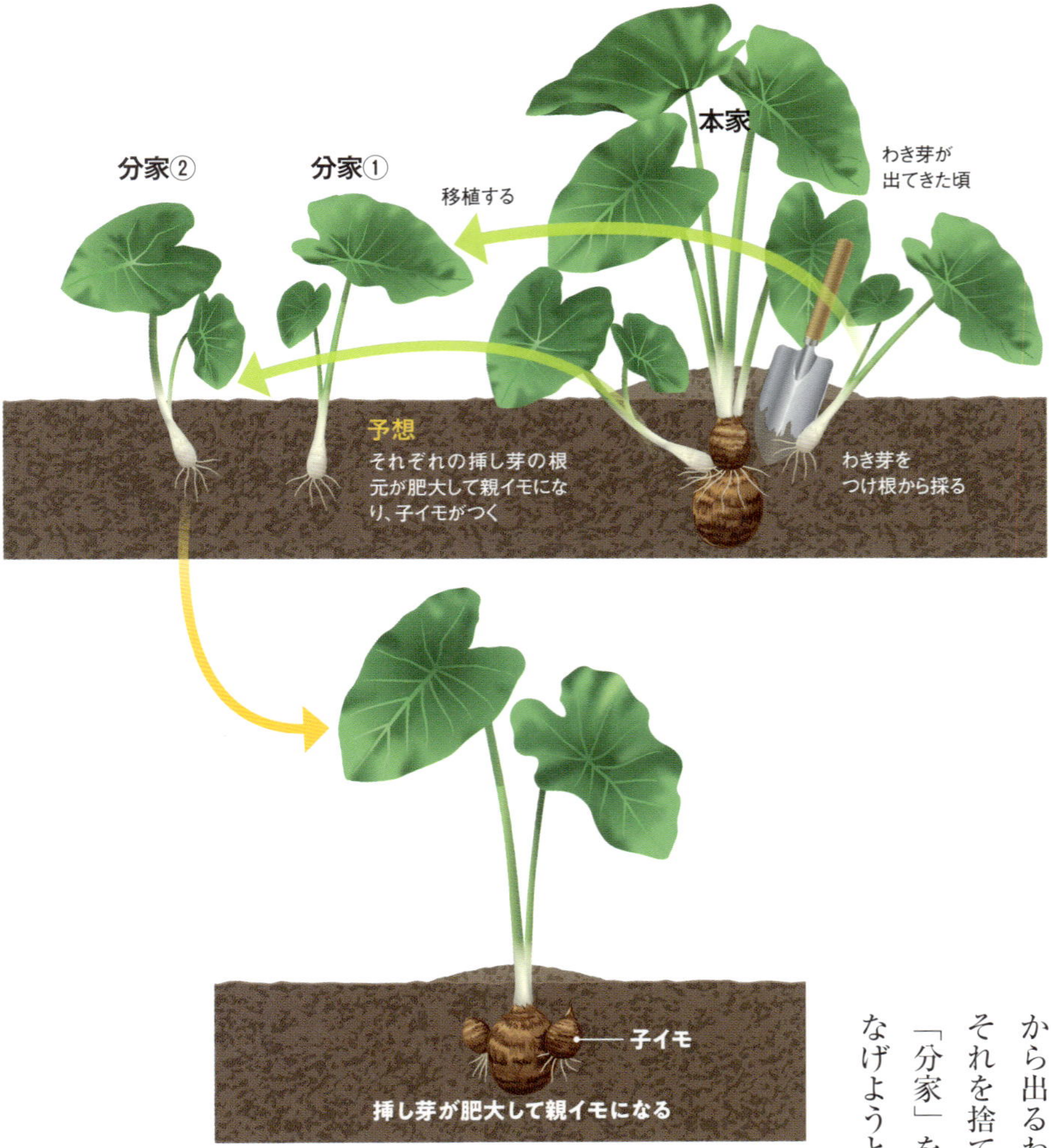
分家②
分家①
移植する
本家
わき芽が
出てきた頃
予想
それぞれの挿し芽の根元が肥大して親イモになり、子イモがつく
わき芽を
つけ根から採る
子イモ
挿し芽が肥大して親イモになる

から出るわき芽をかくのが一般的ですが、それを捨てずに挿し芽にします。いわば「分家」をして株数を増やし、増収につなげようという発想です。

タイモの植えつけ

タイモは、サトイモと同じタロイモの仲間。 写真は沖縄県金武町（きんちょう）のタイモ畑

実験方法

種イモから切り取ったわき芽を植えつける

わき芽のつけ根に移植ごての先端を差し入れて切り取る

わき芽の基部から根が伸びているのがわかる

植え穴をあけ、採ったわき芽を植えつける

植えつけから1か月後、無事活着した「分家」株

実験で使用した品種は、家庭菜園で定番の『土垂』。4月下旬に、株間約50㎝、深さ約10㎝で植えつけました。元肥としてボカシ肥を1にぎり施しました。

6月上旬に出芽。7月上旬に親株の草丈が50㎝ほどに育った頃、わき芽もいくつか伸びてきて20〜30㎝に育ちました。このタイミングでわき芽をかき取りました。種イモとわき芽の間に移植ごてをグッと差し込み、イモからわき芽を切り離して掘り上げます。このとき、わき芽の基部から伸びた根が少し残るようにするのがポイントです。

3つの株（本家）から、それぞれ2本のわき芽（分家）を採り、そのまま別の場所に植えつけました。本家同様の元肥を施し、水をたっぷりやります。最初は元気がなかったものの、10日ほどすると復活。1か月後にはしっかり活着して、大きく育っているのを観察できました。

実験結果

普通栽培（芽かきなし）　1901g

分家栽培は、みごと総収量が普通栽培の2倍に！

本家と普通栽培の株は、7月と8月に土寄せし、ボカシ肥を株元に1にぎりほど追肥しました。分家は元肥のみで、追肥はなし。新たなわき芽はほとんど見られず、芽かきや土寄せもしませんでした。本家に比べると草姿こそ小さいものの、その後も順調に生育しました。

収穫は11月上旬です。挿し芽で育てた分家にイモがつくか不安もありましたが、結果はみごと成功。多いもので858gものイモがつき、少ないものでも272gと、すべての分家にイモがついたのです。

さらに本家単体でも、普通栽培から4割増（3株平均で比較）。普通栽培は、イモの数こそ多かったものの全体的に小

分家栽培

本家 2538g

分家❶ 858g

分家❷ 458g

重さにして約2倍

ぶりで、イモの肥大には定説どおり、芽かきが不可欠なようです。

1個の種イモからの総収量を比べると、普通栽培に比べて分家栽培は約2倍ものイモがとれました。

考察

増収成功のカギは7月上旬の分家

意外な事実

分家のタイミングによっては本家・分家ともに減収する

条件ごとに3組みずつ、全9株を栽培して比較したが、いずれも前期分家で増収、後期分家で減収という結果になった

普通栽培
（芽かきをせず放任）

1901	2135	1883	(g)

収量倍増

収量25%減

分家栽培（前期）7月上旬分家

本家	2538		2980		3048		
分家	858	458	777	272	492	283	(g)

分家栽培（後期）8月上旬分家

本家	1600		1446		961		
分家	157	42	93	27	53	42	
	15	消失	消失	消失	消失	消失	(g)

分家栽培が増収につながったのは先述したとおりですが、じつは、増収がかなわなかったもう一つの分家栽培がありました。成功した分家を行ったのは7月上旬。これを前期分家とします。もう一つは8月上旬にわき芽を採った後期分家です。前期分家に比べてわき芽がたくさん出ており、3つの株からそれぞれ4本ずつ採ったのですが、8月の猛暑で活着が悪く、計12本中5本は消失。残った分家も、生育期間が不十分だったのか、ついたイモは微々たるものでした。本家の収量も普通栽培に及ばず、総収量では平均25%減となりました。

サトイモは、本葉が5～6枚展開する頃までに茎の基部に親イモができますが、種イモからわき芽が伸びていると、その基部にも第2、第3の親イモができます。いわば数世帯同居の状態で、これを放置

すると、子イモ・孫イモの肥大が妨げられ、減収につながります。これが、一般に芽かきをする理由です。

しかし、後期分家でかいた芽には、種イモのわき芽だけでなく、親イモから出たわき芽も含まれていたと思われます。後に肥大して子イモになるはずの部分まで取り去ってしまったため、本家が普通栽培以下の収量となったのでしょう。

分家栽培成功のためには、この2種類のわき芽を取り違えないことです。とはいえ、地下のどの部分から出たわき芽なのか、地上部からは見分けがつきません。そのため、分家のタイミングが命です。目安は本葉5～6枚。今回、成功した7月上旬がベストではないかと思います。

7月上旬

推測

種イモのわき芽をかいたことで、第2・第3親イモの発生を防げた

8月上旬

推測

本来かくべき種イモのわき芽と同時に、後に子イモになる、親イモのわき芽もかいてしまった

長～く育って、楽～にとれる

長根ゴボウのブロックタワー

掘りたてゴボウの滋味あふれる風味は、自分で育てないと味わえない〝畑のぜいたく品〟です。とはいえ長根種は、その長さゆえに、栽培&収穫のハードルが高く、育てるのを断念する方も多いのでは。そのハードルを下げる画期的な栽培法です。

狭小スペースでどっさり＆らくらく収穫

実験背景

コンクリートブロックの穴でゴボウ栽培

挑戦状

探求者 殿

当方、北陸在住の菜園愛好家なり。此度、小生の栽培技を貴殿にお知らせしたく筆を執り候。

堆肥枠に利用せるブロックの其の穴でゴボウを作り候。一mを超えるゴボウをおよそ五十本、ブロックを動かすのみで容易に収穫せり。これを超える技、見せてみ給へ。当方、無類のゴボウ好きなり

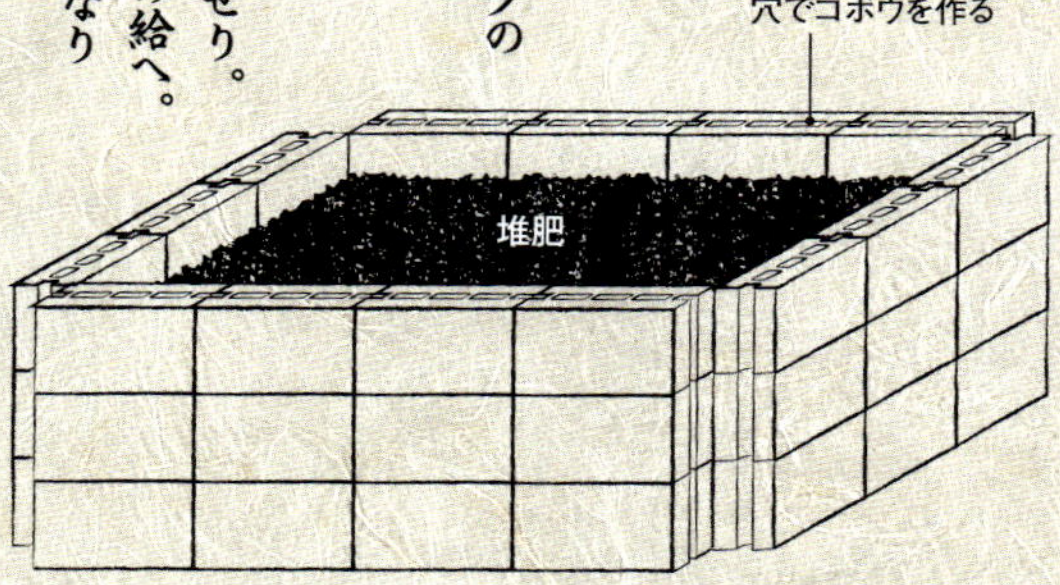

※家庭菜園雑誌『やさい畑』の巻末アンケートにいただいた栽培アイデアをもとに創作した挑戦状です。

本書は、家庭菜園雑誌『やさい畑』（家の光協会）の連載をまとめたものですが、上の挑戦状は、その連載記事に読者から届いたものです。なんでも堆肥枠にしているコンクリートブロック（以下、ブロック）の穴でゴボウを栽培しているとのことで、ていねいな図も添えられていました。

堆肥づくりの傍らでゴボウができるのですから、効率的です。昔の農家が田んぼの畔《あぜ》で大豆を作っていたような合理性を感じます。はっきりしなかったのは収穫方法です。ひと言「ブロックを動かす」とあるのみで、収穫の労力がいかほどなのかが気になります。そもそも、どれくらい立派なゴボウができるのか？ この挑戦、受けて立ちましょう！ もちろん、わたしが受けるからには、さらにパワーアップしたものにアレンジします。同じ無類のゴボウ好きとして、負けられません。

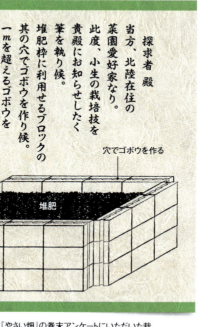

実験方法

ブロックを積み上げ、培養土を入れる

ゴボウの品種は『滝の川』。根長80cmほどになる長根種の代表格。ブロックタワーの穴は全部で12穴。3月中旬に、1穴に3〜5粒ずつ種をまいた。種まき後は発芽まで土が乾かないように、適宜水やりする

挑戦状のブロック栽培は、堆肥枠を利用した大がかりなものでしたが、それを、手軽に作れるサイズにアレンジしました。底辺が約50㎝四方と狭小ながら、周囲の穴でゴボウが12本栽培でき、かつ中央エリアでも野菜を育てられます。

ブロックには、建築・土木にも使われる強度の高い重量ブロックもありますが、今回は、強度をそれほど必要としないので扱いやすい軽量ブロックを用いました。

ブロックは写真のように四角く組み、5段積みにしました。四隅に支柱を立てて支え、ブロックが崩れないようにロープできつく結びます。栽培スペースは50㎝四方（0・25㎡）ほどで、高さは約95

ブロックタワーの準備

●準備するもの
軽量ブロック（3つ穴貫通タイプ）×20個、支柱（径16㎜、長さ120㎝以上）×4本、ロープ（約3m）×2本、培養土（約60ℓ）、籾殻（約40ℓ）

1 ブロックを積む

地面を平らにし、ブロックを四角く水平に組む。穴がずれないように5段積み上げる

2 倒れないように支える

四隅に支柱を立てて支え、さらにいちばん上と真ん中にロープを回してきつく締める。ロープを1～2本増やせば、より頑丈になる

3 籾殻入り培養土を投入

水はけをよくするため、籾殻を全体の深さの$\frac{1}{3}$ほど入れたが、これはまた根の原因になった（後述）。籾殻は培養土や畑土と混ぜて入れるか、すべて培養土にするとよい

4 全面に培養土を入れる

てっぺんまで培養土を入れる。元肥を混ぜた畑土でもよい。籾殻を使用しない場合、培養土は約100ℓ必要

cmという超狭小スペースの高層建築です。名づけてブロックタワー。

ゴボウは水はけのよい畑を好むので、ブロックの穴に、$\frac{1}{3}$ほど籾殻を投入し、その上に市販の培養土を入れました。枠の中央エリアにも同じように籾殻と培養土を入れました。

栽培経過

ゴボウを育てつつ、中央エリアもフル回転

ブロックは蓄熱性が高いため、触れるとほんのりと温かい。気温が低い時期の保温と地温上昇効果による生育促進も期待できる

種まき後、10日ほどで発芽がそろいました。栽培スペースが狭いので、混み合っている所は随時間引き、本葉3枚までに1穴1株にしました。間引いた株は本葉2〜3枚の時点で細い直根が20〜30㎝の長さに伸びており、その後の生長に期待が持てました。ブロックの穴の間隔から株間は10㎝ほどになり、生長すると葉が重なって遮光されますが、畑で栽培する場合の一般的な株間もこれくらいなので、問題はないはずです。

種まきから1か月ほどすると、ブロックの穴に詰めた土が自重で沈んでくるので、土を足しました。併せて追肥を施し、その後も30〜40日ごとに2回追肥をしま

中央エリアで三毛作

ブロックタワーの中央エリアには、3月中旬のゴボウの種まきと同時にコマツナをまいた。5月下旬にはコマツナを収穫し終えたので、続いて小玉スイカの苗を植えつけた。スイカは、水はけがよく比較的乾燥した土壌を好むので、栽培にはもってこいの環境だ。つるが伸びてブロックタワーのまわりに広がるので、ゴボウの葉陰による影響もほとんど受けずに育つ。

8月にスイカを収穫したあとはダイコンをまいたがこれは失敗。ゴボウの葉陰で、思うように肥大せず、みそ汁の具として利用した。夏の日ざしや暑さをゴボウの葉で遮ることを目的にキャベツや秋ジャガなどを育てるといいかもしれない。

コマツナ

スイカ

ダイコン

した。

夏は土が乾きすぎないように、ほぼ毎日水やりをしました。秋になると生育が鈍化し、気温の低下とともに地上部の葉は枯死しますが、その間に同化養分（葉でつくられた養分）が根に送られて肥大が進みます。収穫は、地上部がほぼ枯れた11月末に行いました。

実験結果考察

収穫は逆転の発想で！ブロックを抜き取るべし!!

収穫期を迎え、ゴボウの株元を持って引き抜こうとしましたが、ダメでした。小さな穴にもかかわらず力強く側根が張っていることを感じさせます。無理に抜けば主根が折れるのは明白です。

ここで挑戦状にあった「ブロックを動かす」という言葉を思い出しました。葉を切り落とし、いちばん上のブロックをゆっくり持ち上げると、ゴボウをその場に残してスゥ～ッと抜けたのです。さらに2段め、3段めのブロックも持ち上げて抜くと、直径3～4㎝に育った立派なゴボウが姿を現しました。ここまでブロックを取り除いたら、あとはゴボウを持って簡単に引き抜けます。これはおどろ

12穴から12本を収穫! 丸々と肥大し、ほとんどの株が80㎝程度に育った。ただ、残念なことに先端はまた根になった。通気性と水はけを考えて下層部に入れた籾殻が、小石のような障害物となり、逆に生育を阻害したようだ。籾殻だけでなく、培養土と混ぜ込めば、また根を防げたはずだ

ながーいゴボウが
簡単に収穫できます

きの手軽さです。欠株もなく、おおむね80㎝程度に育ったのですから、大成功と言えるでしょう。

この栽培法は収穫の楽さに加えて、ブロックを繰り返し使えるのもいいところ。また今回のように中央エリアで他の野菜を作ったり、堆肥を仕込んだりといろいろなアレンジが可能です。ブロックの穴を利用するという無類のゴボウ好き読者様、その探求心、まことに恐れ入りました。

山野の土壌を竹の中に再現

自然薯は竹筒で育てるに限る！

強烈な粘りと野趣あふれる味わいが魅力の自然薯。農家のあいだでは専用パイプを地中に埋める栽培法が確立してはいるものの、家庭菜園ではハードルが高い作物です。それが竹筒を立てる方法で、1m級の立派なイモを収穫できたのです。

家庭菜園では
難しいとされる
自然薯の栽培に、
みごとに成功しました

実験背景

栽培難易度が高い自然薯を手軽に育てたい

自然薯《じねんじょ》はヤマノイモ科の植物で、〝ヤマイモ〟と総称されるナガイモやヤマトイモの仲間です。どれも似ていますが、ナガイモやヤマトイモが中国から持ち込まれたのにたいし、自然薯は日本の山野に自生している固有種で、縄文時代から食べられてきたといわれています。ナガイモやヤマトイモと比べて粘りが強いのが特長で、風味と香りも勝ります。疲労回復や免疫力向上の効果も折り紙付きです。

ところで、自然薯は特異な土環境を好みます。自生する野山の土は、腐葉土が堆積する表層土は肥沃で、下層土は痩せています。自然薯は、水分や肥料分を表層土から吸収し、痩せていて湿気が少ない下層土にイモを伸ばします。イモが育つ土が肥沃だと、品質が悪くなります。こうした独特の生態と環境適応能力の低さから、長年、畑での栽培は不可能とされてきました。

畑で栽培できるようになったのは、50年ほど前からです。自然薯栽培に情熱を傾けた先達が自然薯の育つ環境を徹底的に調査し、専用のパイプ型栽培器を開発したのです。さらに栽培を繰り返して優良種を選抜していった結果、今では良品を安定的に作れるようになりました。とはいえ、それは熟練の専門農家に限った話です。家庭菜園では、そう簡単に立派

自然薯の栽培暦（関東地方南部基準）

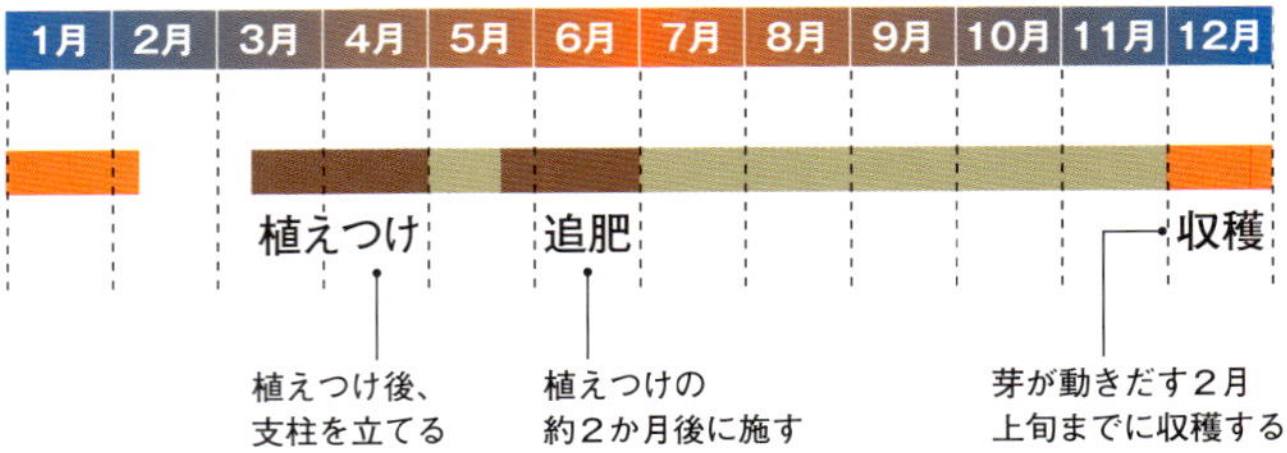

な自然薯は作れません。加えて、専用のパイプ型栽培器を使わないとうまくできないのも難点です。

もっと楽に、身近にあるものを利用して栽培する方法はないものか。そこでたどり着いたのが竹を使う方法です。野山に自生する自然薯は、地中深くに伸びていきます。専用パイプを使う栽培法では、そのパイプにイモの生育に適した養分の少ない土を入れ、イモが伸びる方向を横に誘導して収穫しやすくします。ならばパイプに限る理由はないのでは？ 竹でも同じようにできるかもしれない。しかも竹が手に入る環境なら資材を入手する費用が要りません。そして筒状の竹を立てて土を詰めれば、もっと簡単に省スペースで栽培できるのではないかと考えました。その方法を詳しくお伝えします。

種イモを購入するには

3月ごろになると種苗店やホームセンターに種イモが並び始める。インターネットの通販でも入手可能。例年、品薄になりがちなので、予約をして早めに手配したほうがよい。パイプ型栽培器を考案した「政田自然農園」でも種イモを販売している。写真の種イモは、むかごから育てた２年もの。

政田自然農園
☎0820-22-2222　https://jinenjyo.net

実験方法

竹筒の節を抜き、垂直に立てる

単管パイプで突いて節を抜きます
単管パイプ

単管パイプはホームセンターで手に入る。長さは1～1.5mあるとよい

イモの肥大を見越して、十分な量の土が入る直径15㎝ほどの太い竹を使います。切り出した竹は1ｍほどの長さに切り分け、節を抜いて筒状にします。かたい節は金属製の〝単管パイプ〟を使うと楽に取り除けます。平らな地面に竹を立て、上から単管パイプで節をたたき割っていきます。イモがまっすぐ育つように節はなるべくきれいに取ります。

節を抜いた竹筒はひとかたまりにして、深さ30㎝ほどの穴を掘って立てます。まわりに土を盛ると安定します。従来のパイプ栽培はパイプを横にして土に埋めるため、たくさん育てるには長い畝が必要になります。その点、竹筒を立てるこの方法ならたった1㎡で10本前後の自然薯を栽培できます。

手順 1

竹筒の節を抜き、垂直に立てる

竹は直径15cm以上のものを使い、のこぎりで1mほどの長さに切り分ける。なるべく根元の方の太い部分を使う

（右）竹をかたい地面に立てるか、塀や外壁に突きあてて、単管パイプで節をたたき割る。（左）節はきれいに取る

30cmほどの深さで竹を埋め、倒れないようにまわりに土を盛って安定させる

竹筒の下側約50cmに肥料分の少ない土を入れて、後から沈み込まないように棒で鎮圧する。今回は前作の肥料分が残っていない畑の土を使った。山土を入手できれば、それがベスト

土を安定させるために水を入れた。今回準備した竹筒は9本。竹筒と比較するため、塩ビ管（直径10cm）も1本試した

首部から伸びだした芽

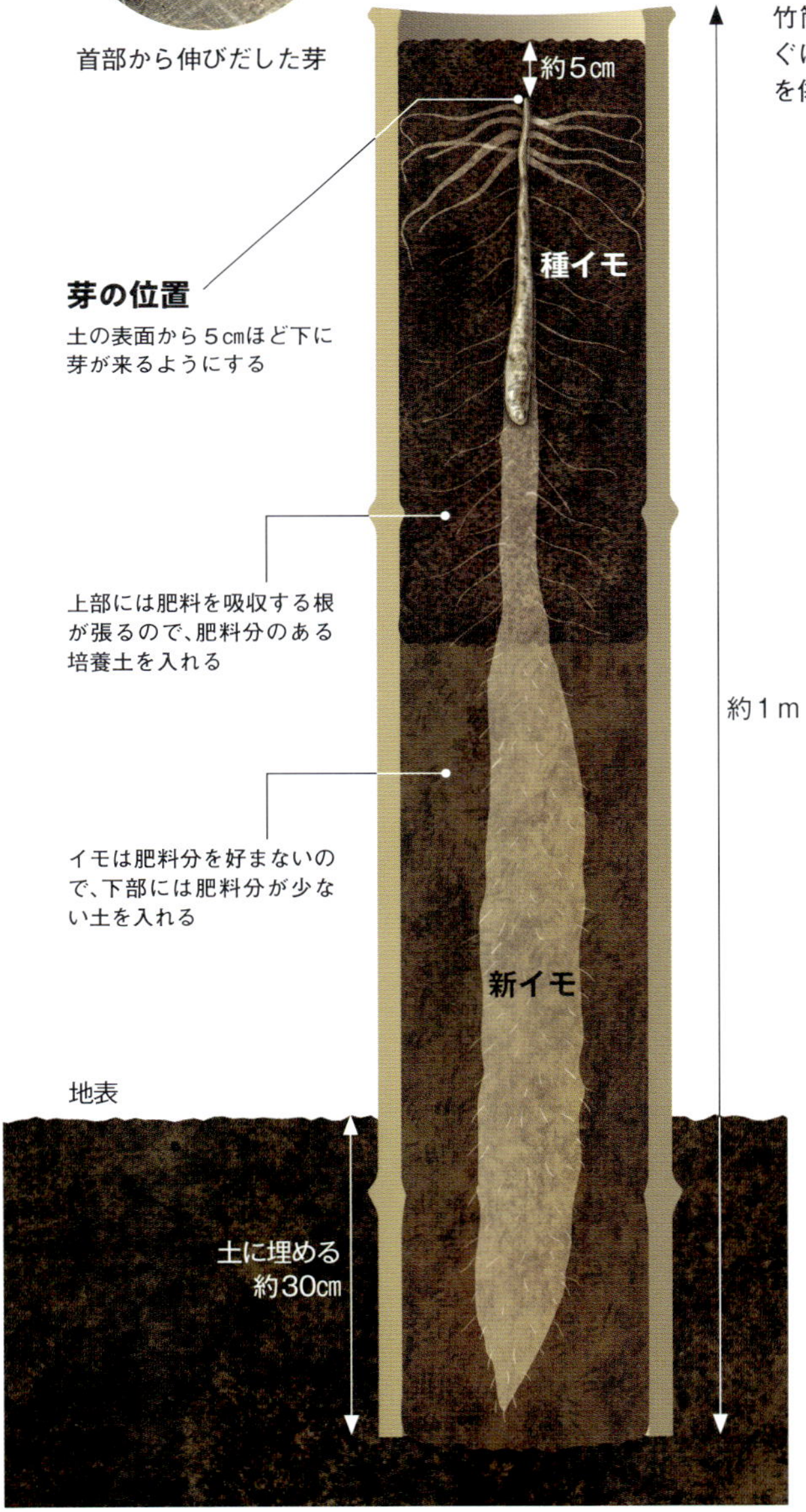
約5cm
種イモ
芽の位置
土の表面から5cmほど下に芽が来るようにする
上部には肥料を吸収する根が張るので、肥料分のある培養土を入れる
イモは肥料分を好まないので、下部には肥料分が少ない土を入れる
新イモ
地表
土に埋める約30cm
約1m

竹筒に種イモを1本ずつまっすぐに植えつける。芽が出る首部を傷めないように注意する

手順1の⑤まで行ったら、自生地の野山の土環境（表層の土に肥料分があって、下層の土が痩せている）を再現するために、竹筒の上部に肥料分がある培養土を入れ、種イモを植えつけます。培養土をある程度入れたら、土が後から沈み込まないように鎮圧します。棒で植え穴をあけ、種イモを落とし入れます。覆土するさいに、種イモの先端（首部）が5cmほど埋まるよう、植え穴の深さを調整します。

手順 **2**

竹筒の上部に肥料分のある土、下部には肥料分の少ない土を入れる

支柱を立てて、つるを誘引する

▲つるが伸びだす前に、竹筒を囲むように支柱を立てて、つるをはわせるネットを張る。雨が降らない日が続いて葉がしおれてくるようなら、竹筒にたっぷりと水をやる

▶追肥は植えつけから２か月後。それぞれの竹筒に有機質肥料１０gほどを施す

秋になると葉が紅葉し、むかごがたくさんついた。米といっしょに炊きあげる。「むかごの炊きこみご飯」は最高においしい

❶培養土を詰めたら、種イモを植えるための穴をあける
❷穴の中に、種イモを落とし入れる。かならず生長点がある首部を上にする
❸首部が土の面から５㎝ほど埋まるように培養土を入れる

実験結果考察

まっすぐで長～い自然薯ができた。収穫も楽々！

竹筒９本＋塩ビ管１本に植えつけた種イモはすべて出芽し、多少の長短はあれ、平均して１ｍ前後の自然薯が収穫できた。栽培法の確立しているパイプ栽培に負けないできではないだろうか
※奥の短い１本は、塩ビ管で栽培したもの

野生の自然薯は地中深くにイモができるため、掘り出すのがとにかく大変。従来のパイプ栽培は、地面の浅い位置でイモを横に伸ばして収穫を楽にしましたが、竹筒栽培なら土を掘る手間すらかけずに収穫できます。地面に立てた竹筒を抜いて、上下に軽く揺するようにして中の土を落とせば簡単に掘り出せます。

今回は竹筒９本＋塩ビ管１本で栽培しましたが、欠株は一つもなく収穫率は100％。しかもこれほど長く立派なイモがわずか１㎡ほどの広さで作れたのは画期的だと胸を張れます。ちょっとしたスペースがあれば、そこに竹筒を立てて栽培できるのです。「イモがまっすぐ伸びるように竹筒の節をきれいに取る」「竹筒の上下で肥料分の異なる土を使う」、これが２大ポイントです。もう自然薯の栽培が難しいとは言わせません！

第３章 根菜類

水辺の作物をもっと手軽に

クワイ・サトイモ・イネの菜園ビオトープ

畑や田んぼの価値は、食べ物を生み出すことだけにあらず。田園の風景は、見る人の心を和ませ、生き物の揺りかごとなって、生態系を育んでくれます。そんな〝ビオトープ〟を手の届くサイズでつくれば、自然観察にぴったりで、珍しい水生作物の栽培も可能です。大人も子どももいっしょになって、楽しんでみませんか。

実験背景
実験方法

水辺の作物を手軽に育ててみたい

かつて、畑の一角につくった1坪田んぼ。地面を掘って防水のためにブルーシートを敷いてから土を入れ、周りを丸太で囲んだ。子どもたちと田植えを楽しんだ

イネはすくすく育ち9月に収穫をむかえた

以前、畑の一角に小さな田んぼをつくったことがあります。土を掘ってブルーシートを敷いただけの簡単なものでしたが、イネはちゃんともみをつけ、茶碗7杯分の米がとれました。

カエルやドジョウもいて、そんな水のある風景が、夏の畑に涼を感じさせてくれたものです。

田んぼは、その後、畑に戻してしまいましたが、またやってみたいと思っていたところ、「育ててみない？」と家庭菜園雑誌『やさい畑』の編集部から渡されたのがクワイの種イモです。

クワイは塊茎（イモ）を食用にするオモダカ科の作物で、煮物にして正月料理でよく食べられます。水生の多年草で、産地では水田で栽培されています。

第3章 根菜類

たらいに赤玉土全量を入れ、底面に敷き詰める

赤玉土の上から培養土と川砂を混ぜて加え、たらいの8〜9分目まで満たす

一部の土を盛り上げて、水を満たしたとき陸地になるようにする

出芽したサトイモの種イモを陸に植え、水につかる所にはクワイの苗とイネ、セリを植えつける

完成 水を張ると重さは100kgを超すので動かせない。あらかじめ日当たりのよい場所に設置してから、水を入れる

当然、育てるには水辺が必要です。とはいえわずかな面積でも、畑をふたたび田んぼにするのは重労働。そこでひらめいたのが、野菜を洗うのによく使われる「プラスチック製のたらい」です。ホームセンターに並んでいた中でも最大の120ℓサイズを入手しました。いわば、特大のプランター栽培です。

せっかくなので、クワイだけではなく、イネなどの水生作物をまとめて育て、生き物も飼って、菜園内に小さな自然＝ビオトープをつくります。

●準備するもの

大型のたらい（120ℓ）、赤玉土（大粒）28ℓ、培養土40ℓ、川砂適量

クワイは種イモをあらかじめポットで育苗しておいた

栽培経過

夏、郷愁を呼び覚ます箱庭的田園風景が出現

水槽で飼っていた金魚を放流。近くの小川で捕ったドジョウも入れた。川の土かセリについていた卵がかえって小魚が泳ぐ姿もみられた

クワイの茎に登ったカエル。周囲の草むらから自然にやってきて棲みついた

作物は、5月下旬にいっせいに植えつけました。クワイが主役で、サトイモ、イネ、セリが脇を固めます。クワイは種イモを水底の土に植えつけてもいいのですが、確実に収穫したいので、あらかじめポットで育苗しました。4月中旬に9cmポットに培養土を詰めて種イモを埋め、本葉5枚まで育ったところで、たらいに移植。イネは近所の農家から苗を譲ってもらい、セリは近くの小川に自生していた群落から持ち帰りました。植えつけから収穫まで、水深は5～6cmをキープします。

サトイモは水生作物ではありませんが、水を好みます。なんでも鹿児島県では畝間に水を張る栽培法により、品質も収量も好成績を収めているとか。今回の環境はそれを模すことにします。水没して腐ることのないよう、土を高く盛った所に植えました。

カエルの産みつけた卵がかえり、オタマジャクシが泳ぐようになった。ビオトープ内で繁殖したということだ

イネは立派なもみをつけ、穂を垂れるようになった

今回は、利便性を重視したプラスチック製のたらいによる方法を紹介したが、上の写真のような陶器の火鉢や水鉢を用いても、趣があってよい

いずれも無事に活着し、順調に生育。カエルがやってくるほどの、自然観察を楽しめる箱庭ができあがりました。

梅雨が明けて気温が上がると、クワイやイネは急激に生長し、それにともなって葉から蒸散する水の量が増えるため、雨が降らないとたらいの水が数日でなくなります。土壌が乾かないかぎり作物は大丈夫ですが、金魚やドジョウは死んでしまいます。夏は水が涸れないように定期的に水をやるようにしました。

クワイのイモは、長く伸びた匍匐茎の先にできる。たらいの中では根とともにとぐろを巻く

実験結果
考察

秋、〝実りの季節〟を五感で堪能できる

11月初頭、葉が黄色くしおれてきたところで、抜き上げて収穫。根のまわりの泥を落とすと、立派な匍匐茎が姿を現した

9月になると、まずはイネの穂が黄金色になり、実ったので、株元を刈り取って収穫しました。

イネは、収穫してから食べられるようにするまでが大変です。穂から籾をそぎ落とし、すり鉢に入れて野球ボールでぐりぐりこすると、籾殻が剥がれます。うちわであおいで籾殻を飛ばすと玄米が残るので、それを一升瓶に入れ、細い棒で何度も突くと、ぬかが取れて、ようやく白米になります。小さな子どもがいるとこんな手間も、よい体験学習になります。

10月にはサトイモを収穫。畑での栽培に比べると収量は少なく、子イモが8個程度。ただし、大きな葉は、夏に日陰をつくって水温上昇を抑え、生き物たちを育んでくれました。

クワイは大成功。11月に地上部が黄色く枯れてから掘り上げたところ、たらい全体に広がった根に泥が絡み、持ち上が

イネは9月上旬、株元を刈り取り、サトイモは10月中旬に掘り上げた。クワイの勢いに圧倒されたのか、サトイモの収量は通常より控えめ。セリは別の小さな容器に植え替えて、引き続き育てた。翌年の春に摘み取り、料理に添えて香味を楽しんでいる

らないほどの重さに。1株から大小合わせて21個のイモがとれました。これだけあれば、正月料理には十分です。

夏に見かけたオタマジャクシは、カエルになってどこかに行ってしまいました。金魚は自宅の水槽に戻して飼っています。

菜園ビオトープには、収穫した作物以上の恩恵があります。大人も子どもも、自然観察を楽しめました。畑仕事に疲れたとき、ふと風に揺れる水面や、行き交う小さな生き物たちを見るだけで、疲れが癒えるのを感じられます。枯山水の白砂が心を整えてくれるように、ビオトープが育むのは、人の心なのかもしれません。

おわりに

この本は、家庭菜園専門誌『やさい畑』(家の光協会) で2016年から連載が始まった「めざせ大発見 畑の探求者」の中から選りすぐった記事をまとめたものです。

連載の始まりは、当時の編集長であった柴野豊さんから「磁石で野菜の生育がよくなるっていう話があるんだけど試してみない?」と言われたことでした。それからは、本書で紹介したように原産地の環境を再現したり、海水をかけたり、苗を踏みつけたり、およそ一般の家庭菜園や農家ではやらないようなちょっと過激でユニークな栽培法をいろいろ試してきました。

この連載は今も続いており、わが家の畑は半ば実験場のようになっていますが、このような風変わりな栽培法でも、ちゃんと野菜が育つどころか、ときに予想を超える生育を見せてくれるから面白がってやっています。

とはいえ、うまくいくものばかりではありません。2年、3年と実験を繰り返してようやく成功したものもあれば、誌面にできなかった失敗も数多くあります。ちなみに磁石による実験は、ジャガイモやダイコンにおいて生育促進が見られたものの、まだまだ未知の部分も多く、現在もいろいろな野菜で実験を重ねています。今回は一部をコラムとして収録しました。特筆すべき結果が出たときには、改めて報告したいと思います。

この連載は、今ではわたしのライフワークになっています。その機会を与えてくださった柴野さん、担当編集者として数多くの無理難題と助言をくださった廣井禎さん、竹村尚樹さんに感謝。連載の書籍化にあたっては、編集をしてくださった和田周さんにありがとう。そして、成功率が必ずしも高くない実験に「今回は誌面になるといいのだが……」とぼやきながら、いつも数えきれないほどのシャッターを押してくれるカメラマンの阪口さんにベリーサンクス。

お蔵入りしたフォトジェニックな栽培がいつか日の目を見られるようにと願って、わたしは今日も新たな栽培法を発見するべくタマネギにお湯をかけました。

2024年11月　畑にまいたソラマメのタネが発芽した日に

和田義弥

和田義弥（わだ・よしひろ）

1973年茨城県生まれ。フリーライター。20〜30代前半にオートバイで世界一周。40代を前にそれまで暮らしていた都心郊外の住宅街から、茨城県筑波山麓の農村に移住。昭和初期建築の古民家をDIYでセルフリノベーションした後、丸太や古材を使って新たな住まいをセルフビルド。約5反の田畑で自給用の米や野菜を栽培し、ヤギやニワトリを飼い、冬の暖房を100%薪ストーブでまかなう自給自足的アウトドアライフを実践する。著書は『増補改訂版 ニワトリと暮らす』（グラフィック社）、『一坪ミニ菜園入門』（山と渓谷社）など多数。

装丁・デザイン　西野直樹（コンボイン）
写真　阪口克
DTP　天龍社
校正　ペーパーハウス
イラスト　小田啓介
前橋康博
入倉瞳
竹鶴仁恵
若松篤志

品質・収量アップ！
家庭菜園の超裏ワザ

2025年1月20日　第1刷発行
2025年6月 2 日　第2刷発行

著　者　和田義弥
発行者　木下春雄
発行所　一般社団法人 家の光協会
〒162-8448　東京都新宿区市谷船河原町11
電　話　03-3266-9029（販売）
03-3266-9028（編集）
振　替　00150-1-4724
印刷・製本　株式会社東京印書館

ISBN 978-4-259-56822-1 C0061